Carlsen Klartext – **Klima- und Umweltschutz**

© Gerrit-Freya Klebe

Anja Reumschüssel, geboren 1983, arbeitet als Autorin und Reporterin in Hamburg und weltweit. Sie hat Publizistik, Soziologie und Theologie studiert und an der renommierten Henri-Nannen-Journalistenschule in Hamburg gelernt. Als freie Journalistin schreibt und produziert sie Videos, unter anderem für den STERN, GEO, ze.tt und Spiegel Online. Nach dem hochgelobten und mit dem Deutschen Jugendliteraturpreis ausgezeichneten Buch *Extremismus* ist *Klima- und Umweltschutz* bereits ihr zweiter Titel in der Carlsen Klartext-Reihe.

Anja Reumschüssel

Klima- und Umweltschutz

CARLSEN KLARTEXT

Bisher in der Reihe Carlsen Klartext erschienen:
Extremismus
Fake News
Feminismus
Klima- und Umweltschutz
Populismus

Anmerkung: Auf eine Doppelbezeichnung der Geschlechter wurde zugunsten der besseren Lesbarkeit in diesem Buch verzichtet. Stattdessen wird die weibliche und männliche Form abwechselnd verwendet und das jeweils andere Geschlecht mitgemeint.

CERTIFIED cradletocradle SILVER
Höchster Standard für Ökoeffektivität.
Cradle to Cradle™ zertifizierte
Druckprodukte innovated by gugler*.
Bindung ausgenommen

Originalausgabe
Veröffentlicht im Carlsen Verlag
März 2020

Lektorat: Katja Maatsch
Faktencheck: Kathrin Lilienthal, Recherchehaus
Umschlagabbildungen: shutterstock.com © mhatzapa/Paket/
Anna Frajtova
Umschlaggestaltung und Innenillustrationen: formlabor
Corporate Design Taschenbuch: bell étage
Satz: Dörlemann Satz, Lemförde
ISBN 978-3-551-31895-4
Printed in Austria

Inhalt

Einstieg –
Worum geht es hier eigentlich?

Umwelt. Die Welt um dich herum. Das klingt schnell wie etwas, das nichts mit dir zu tun hat. Es umgibt dich zwar, aber wie viel Kontakt hast du zu dieser Umwelt? Du läufst auf Straßen aus Asphalt, trägst Kleidung aus Kunststoff, trinkst Wasser aus Plastikflaschen und kaufst dein Essen im Supermarkt. Wie sich die Jahreszeiten ändern, spürst du am Wetter und an der Temperatur draußen – aber siehst du die Apfelbäume blühen und die Eichen ihr Laub verlieren, riechst du die nasse Erde nach einem Sommergewitter oder findest einen Igel im Winterschlaf unter einem Laubhaufen im Garten?

In Industrieländern und vor allem in unseren Großstädten haben sich die Menschen weit von der Natur entfernt. Es scheint fast, als bräuchten wir sie gar nicht. Und als sei Umweltschutz ein Hobby wie Fußball oder Gitarre spielen.

Darum, so banal es auch klingt, soll es einmal hier stehen: Ohne die Umwelt können wir nicht leben.

Die Umwelt ist nämlich das:

Die Bäume, Büsche und Wasserpflanzen, die den Sauerstoff freigeben, den wir einatmen.

Die Erde mit all ihren winzigen Lebewesen, auf der das Essen wächst, das wir im Laden kaufen.

Das Wasser, das durch Gesteins- und Erdschichten gefiltert, von Sonnenwärme in die Höhe gesogen, von Wolken abgeregnet wird, um dann durch kilometerlange Leitungen bis in unsere Wohnungen zu fließen.

Und nicht zuletzt die Wälder, Berge, Meere, Wüsten und Sonnenuntergänge, die uns vor Bewunderung erschauern lassen, vor denen wir uns einen Moment lang winzig fühlen und nicht mehr wie die Herren der Welt.

Unser Leben hängt von dieser Umwelt ab. Und trotzdem zerstören wir sie. Jeden Tag.

Die mehr als siebeneinhalb Milliarden Menschen, die im Moment auf der Welt leben, brauchen Nahrung, wollen Autos fahren, fliegen, ihre Wohnungen heizen, über Smartphones wischen, Schmuck und Kleidung tragen, manchmal auch protzen mit dicken Autos, dicken Klunkern und einem dicken Geldbeutel. Dafür wird immer mehr Wasser verseucht, werden Wälder abgeholzt, Tiere und Menschen verdrängt und Kohle, Öl und Gas verbrannt. Wissenschaftler nennen die Zeit, in der wir leben, darum »Anthropozän«, das Zeitalter, das vom Menschen geprägt ist.

Unser Eingriff in die Natur wirkt sich direkt auf ein anderes empfindliches System aus, das uns ebenfalls umgibt: das Klima. Der Klimawandel ist eine Folge unseres rücksichtslosen Umgangs mit der Natur, und seine Auswirkungen spüren selbst die Menschen, die in großen Städten wohnen und mit der Natur wenig zu tun haben: Immer häufiger extreme Hitzewellen, mehr Stürme, Überflutungen, Dürren. Waldbrände in Schweden, ein Wirbelsturm in

China, vor dem drei Millionen Menschen fliehen mussten, 70 000 Tote bei einer der schlimmsten Naturkatastrophen in der europäischen Geschichte: dem Hitzesommer 2003.[1] (Weil der Klimawandel so dramatische Auswirkungen hat, spreche ich in diesem Buch ab sofort von »Klimakrise«, s. S. 28)

Die Umwelt kommt mit diesen Veränderungen normalerweise gut klar. Unser Ökosystem, also das Zusammenspiel aus Lebewesen und ihrem Lebensraum, ist erstaunlich strapazierfähig. Selbst im radioaktiv verseuchten Tschernobyl wachsen Pflanzen und leben Tiere, auch an den Schloten in der Tiefsee, aus denen heißes, giftiges Wasser strömt, laben sich Bakterien.[2] Die Natur übersteht viel. Wir aber nicht. Damit wir Menschen leben können, brauchen wir eine Umwelt, die nicht zu heiß oder zu kalt, nicht zu trocken oder zu feucht ist, in der Pflanzen gedeihen und Tiere leben, die wir essen, aus denen wir Kleidung und andere Gegenstände herstellen können.

Deswegen geht es beim Umweltschutz eigentlich nicht um Pflanzen, Tiere oder unseren Planeten. Der hat schon ganz andere Katastrophen überstanden. Es geht um uns. Denn wenn wir so weiterleben wie in den vergangenen 150 Jahren, ist die Menschheit vielleicht bald die erste Art auf der Erde, die sich selbst ausgelöscht hat.

Bis wir aussterben, wird es zwar noch eine Weile dauern. Doch schon in 50 Jahren könnte unsere Welt so aussehen:

Es wird ungemütlich – eine Dystopie

Der Kalender zeigt das Jahr 2070.

Das Übel liegt in der Luft, man sieht es nur nicht: Gefährliche Gase, die die Menschheit in den vergangenen rund 200 Jahren durch Schornsteine, Auspuffrohre, Brandrodung, Massentierhaltung und Müllhaufen in die Atmosphäre steigen ließ. Das Übel fühlt man aber. Es begann mit Warnungen von Wissenschaftlern, die ignoriert wurden. Dann wurden die Sommer heißer und die Winter stürmischer. Die Schlagzeilen überschlugen sich: »Hitzerekord in Hamburg«[3], »Schneesturm wütet über Griechenland«[4], »In Deutschland entbrennt der Kampf ums Wasser«[5].

Über die sonnigen, trockenen Sommer und die 20 Grad im November[6] freuten sich die Menschen in den gemäßigten Klimazonen noch eine Zeit lang. Es könne ruhig mehr Klimaerwärmung geben, witzelten sie.

Nun aber hat sich die Erde im Vergleich zur Mitte des 19. Jahrhunderts um zwei Grad erwärmt. So misst man die Katastrophe. Zwei Grad gilt unter Experten als die Schwelle zum Untergang.[7] (mehr dazu s. S. 28)

Lange wirkte der steigende Meeresspiegel wie die größte Bedrohung. Anfang des 21. Jahrhunderts wohnte etwa jeder zehnte Mensch auf Höhe des Meeres.[8] Dann brandeten die Wellen immer härter an die Küsten. Insgesamt ist der Meeresspiegel bisher um mehr als einen Meter gestiegen, schneller, als Wissenschaftler es Anfang des 21. Jahrhunderts vorausgesagt hatten.[9] Das klingt nicht nach viel, hat aber dramatische Folgen: Als 2012 sieben Meter hohe Wellen auf New York trafen, war das noch eine schockierende Ausnahme.[10] Inzwischen ist die Ostküste der USA fast verlassen, jedes Jahr wird sie von Hurricanes und Überschwemmungen heimgesucht. So geht es den meisten Küstenregionen der Erde. Die Niederlande haben ihre Hauptstadt verlegt, Bremerhaven ist überflutet, bei starkem Sturm reicht die Nordsee fast bis nach Bremen, in Hamburg tritt die Elbe so oft über die Ufer, dass die Menschen aus den Stadtgebieten südlich des Flusses fliehen mussten.[11] In manchen Regionen ist nicht nur die Küste betroffen. In Sumpfgebieten, etwa in Bangladesch, versalzt das Meer den Grundwasserspiegel, schon 2019 lebten die Menschen in manchen Gebieten auf Flößen, während ihr Zuhause überspült wurde. Die Bewohner kleiner Inselstaaten hatten vor Jahrzehnten noch versucht, ihr Zuhause zu retten, hatten für Maßnahmen gegen die Klimakrise protestiert. Aber wen interessieren schon kleine Inselstaaten? Die Marshallinseln, Kiribati, Tuvalu und viele andere Inseln sind inzwischen unbewohnbar.[12]

Der Meeresspiegel steigt, weil die steigenden Temperaturen das Wasser erwärmen. Warmes Wasser dehnt sich aus. Außerdem schmilzt Polareis, das Schmelzwasser füllt die Ozeane. Der Nordpol ist im Sommer kaum noch mit Eis bedeckt.[13] Die Tiere spürten die Folgen schneller als die Menschen: Eisbären, das Pazifische Walross, Ringelrobben und andere Arten, von denen die meisten von uns noch nie gehört haben, sind schon ausgestorben. Anderswo auf der Welt sind der Rote Stummelaffe, die Roloway-Meerkatze und der Geigenrochen verschwunden.[14] 40 Prozent der Amphibienarten, ein Drittel der Meeressäugetiere sind weg, 500 000 Arten von Landlebewesen haben nicht mehr genug Lebensraum, um langfristig zu überleben.[15] Die meisten der riffbildenden Korallen gibt es nicht mehr. Um aussterbende Arten kümmern sich die Menschen aber kaum noch. Zu viel haben sie damit zu tun, nicht selber dazuzugehören.

Im Winter verwüsten Schneestürme die USA, Mittel- und Nordeuropa und weite Teile Asiens. An 100 Tagen im Jahr ist es vielerorts so heiß, dass niemand längere Zeit unter freiem Himmel überlebt. Mehr als die Hälfte der Weltbevölkerung ist betroffen, Millionen Menschen kollabieren unter der Hitze[16], Hunderttausende sterben jeden Sommer an Organversagen, Herzinfarkten oder Blutvergiftung.

Waldbrände und monatelange Dürre zermürben viele Landstriche. In den Subtropen, im Süden der USA, in Zentralafrika, dem Nahen Osten und in vielen Gegenden Südamerikas wächst kaum noch etwas[17], Menschen sind fortgezogen oder verhungert.[18] Dort, wo noch etwas wächst, müssen Pflanzen per Hand bestäubt werden, weil Bienen und andere Insekten längst ausgestorben sind.

In Europa mit seinem milden Klima wachsen noch ausreichend Lebensmittel, dafür kämpft man dort mit anderen Problemen: In der Sommerhitze versiegen selbst große Flüsse wie die Elbe, der Rhein ist nur noch ein Rinnsal[19], Schiffe kommen nicht mehr vorwärts, Lebensmittel, Benzin, Heizöl werden nur noch unregelmäßig geliefert. Weil Kühlwasser für die Kraftwerke fehlt, fällt häufig der Strom aus. Immer wieder bleiben Regale in den Geschäften leer, weil die Produktion von Waren irgendwo zum Erliegen kommt, weil die Infrastruktur zusammenbricht, weil Straßen überschwemmt oder unterspült werden. Oder weil in der extremen Hitze der Asphalt schmilzt und Fahrzeuge stecken bleiben.

Aus den verschiedensten Gründen fehlt es also überall auf der Welt an ausreichend Nahrungsmitteln. Lebensmittel sind in ärmeren Ländern teurer als Mieten und Benzin, auch in reichen Ländern wie Deutschland steigen die Preise. Im Nahen Osten und Nordafrika wüten Kriege ums Wasser. Auch da, wo noch Frieden herrscht, sind die Menschen gereizter. Schon 2013 hatte eine Studie aus den USA[20] prophezeit, dass Menschen mit jedem Grad, um das die Durchschnittstemperatur steigt, aggressiver werden, es gibt mehr häusliche Gewalt, mehr Prügeleien, mehr Morde.[21]

Hunger, Durst und Kriege treiben Flüchtlinge nach Europa. Alte Menschen in Deutschland erinnern sich noch daran, wie 2015 manch einer forderte, Flüchtlinge an den Grenzen mit Waffengewalt zurückzutreiben. Heute schießen die Grenzsoldaten wirklich, kein Land will die Verzweifelten mehr aufnehmen. Insgesamt sind mehr als eine Milliarde[22] Menschen auf der Flucht. Sie kommen aus Afrika, Südostasien, Südamerika, von überall dort, wo die Bewohner der reichen Länder sie billig arbeiten ließen und ihre Umwelt zerstört haben.[23]

Andere Einwanderer lassen sich nicht mit Waffen aufhalten: Tropische Mücken, die Malaria, Cholera und Denguefieber übertragen, sind in Nordeuropa heimisch geworden. Außerdem breiten sich rätselhafte Krankheiten aus, jahrtausendealte Viren und Bakterien, die im Eis eingefroren waren. Unser Immunsystem ist darauf nicht vorbereitet[24], die Entwicklung der Medizin nicht schnell genug. Die Spanische Grippe, die Anfang des 20. Jahrhunderts 50 Millionen Menschen dahingerafft hat[25], ist wieder ausgebrochen. Der Dreck in der Atemluft verkürzt die Lebenserwartung der Menschen um rund zehn Jahre.[26] 2015 starben weltweit mehr als drei Millionen Menschen an den Folgen von Luftverschmutzung.[27] Heute sind es viel mehr.

Und die Temperatur steigt immer weiter, als hätte die Erde Fieber. Nun hat begonnen, was Wissenschaftler schon vor Jahrzehnten prognostiziert hatten – gefährliche Vorgänge in der Natur, die nicht wieder rückgängig gemacht werden können. Die Forscher nannten sie »Kippelemente«: Aus den aufgetauten Permafrostböden in Sibirien und Nordamerika, aus abgestorbenen Bäumen im südamerikanischen Regenwald oder Wäldern der Taiga[28], selbst aus den Tiefen des Meeres steigen bis dahin gebundene Treibhausgase auf[29] und heizen die Klimakrise weiter an.

Ab jetzt ist es egal, was Menschen tun. Die Natur hat übernommen.

*

Das ist natürlich nur eine von vielen Möglichkeiten, wie unsere Zukunft aussehen kann. Das System Erde ist so komplex, dass wir es noch immer nicht vollständig verstehen. Doch dass unser Leben in wenigen Jahrzehnten so oder so ähnlich aussehen wird, wenn wir unseren Lebensstil nicht ändern, können Wissenschaftler ziemlich genau berechnen. Und dabei rechnen sie oft eher vorsichtig, an manchen Orten geht die Klimakrise schon schneller voran als gedacht.

Die Zerstörung unserer Umwelt und die Klimakrise sind daher das drängendste Problem unserer Zeit, »die größte Krise, die der Menschheit jemals begegnet ist«, sagt die schwedische Klimaaktivistin Greta Thunberg.[30] Ein größeres Problem als der Aufstieg von Extremisten, Arbeitslosigkeit oder die Gleichstellung von Frauen und Minderheiten. Denn wenn wir unseren Planeten, so wie er jetzt ist, weiter zerstören, gibt es irgendwann weder Extremisten noch Jobs und auch keine Menschen irgendeines Geschlechts mehr.

Das klingt jetzt vielleicht erschreckend. Das ist auch gut so. Dieses Buch soll dir Angst machen. Angst vor dem, wie unsere Welt einmal aussehen könnte, wenn wir unseren Umgang mit der Umwelt nicht ändern.

Dieses Buch soll dir aber auch Mut machen. Denn noch können wir etwas tun. Wie wir alle – Politiker, Konzerne und auch du – die Menschheit noch retten können, erkläre ich im zweiten und dritten Teil dieses Buchs.

Damit klar wird, wie wichtig das Thema Umweltschutz ist, will ich aber zuerst aufzählen, wie wir unseren Heimatplaneten Tag für Tag immer weiter zerstören.

TEIL 1 –
WIE WIR UNSERE WELT ZERSTÖREN

Wie sich Wetter und Klima verändern

Fangen wir mit dem größten Brocken an: der Klimakrise. Denn jede Art, auf die der Mensch in die Umwelt eingreift, wirkt auch auf das Klima. Und dessen Veränderung wiederum bedroht unsere Existenz.

In Deutschland werden Wetter und Temperaturen seit 1881 regelmäßig aufgezeichnet.[1] Wir wissen also genau, dass seitdem die Durchschnittstemperatur in Deutschland gestiegen ist. In den vergangenen Jahren brachte fast jeden Sommer neue Hitzerekorde.[2] Wissenschaftler meldeten 2019 den wärmsten Juni seit Beginn der Aufzeichnungen.[3] Im Februar 2019 strahlte die Sonne über Deutschland, es war einer der wärmsten, die je gemessen wurden. Im walisischen Dorf Trawsgoed zeigte das Thermometer an einem Tag im Januar 2019 sogar 20 Grad an.[4]

Und auch weltweit ist die Erde so warm wie noch nie seit Aufzeichnung der Wetterdaten, hat die NASA gemessen.[5] Zwar mag es in diesen Jahren an manchen Orten auch besonders kalt gewesen sein, die Durchschnittstemperatur auf der Welt steigt aber. 2015 lag sie zum ersten Mal mehr als ein Grad über dem Durchschnittswert der Jahre 1850 bis 1899.[6]

Wissenschaftler vergleichen die heutigen Temperaturen immer mit den Durchschnittstemperaturen in der Mitte des 19. Jahrhunderts. Damals begannen nicht nur die regelmäßigen Wetteraufzeichnungen in verschiedenen Ländern, sondern auch die sogenannte industrielle Revolution. Was vorher von Hand hergestellt wurde, übernahmen nach und nach Maschinen. Fabriken wurden errichtet, immer mehr Kohle und dann auch Erdöl und Erdgas wurde gefördert und verbrannt, um Energie zu gewinnen, Motoren anzutreiben und Waren produzieren zu können.[7] Ein Kreislauf nahm an Fahrt auf, der die Wirtschaft antrieb und heute selbst arme Menschen in Industrieländern in einem Wohlstand leben lässt, den keine Generation vor uns kannte. Der Preis für diesen Wohlstand war unter anderem das, was da aus den Schornsteinen der Fabriken und Häuser und aus den Auspüffen der Autos quoll: sogenannte Treibhausgase, vor allem Kohlendioxid (CO_2) und Methan, aber auch klimaschädliches und ungesundes Lachgas, Schwefeldioxid, Stickoxide, Kohlenmonoxid, flüchtige organische Verbindungen und Feinstaub.[8]

Diese Gase strömen in die Luft und damit in die Atmosphäre, jene Lufthülle, die unseren Planeten umgibt und ihn schützt wie die Schale einen Apfel, vor lebensgefährlicher Strahlung aus dem All genauso wie vor Abkühlung. Denn die Sonnenwärme allein ist zu schwach, um die Erde weit über den Gefrierpunkt zu erwärmen, um Eis zu schmelzen, damit Flüsse strömen und sich die Meere mit Wasser füllen. Wenn Sonnenstrahlen auf die Erde treffen, wird ein Teil von ihnen als Wärmestrahlung wieder ins All reflektiert. Diese reflektierte Wärme wiederum wird zum Teil von den Treibhausgasen in der Atmosphäre aufgefangen wie in einem Gewächshaus und erwärmt so den Planeten im Durchschnitt auf angenehme 15 Grad. Ohne diesen natürlichen Treibhauseffekt wären es auf der Erde im Durchschnitt nur minus 18 Grad.[9] Also viel zu kalt für uns.

Eine wichtige Rolle spielt dabei ein Stoff, den man nicht sehen, fühlen oder riechen kann, der aber eine unheimlich große Wirkung hat: Kohlenstoffdioxid, kurz CO_2. Dieses Gas lässt nämlich – ähnlich wie eine Glasscheibe – Sonnenlicht vorüberziehen, die Wärmestrahlung, die von der Erde reflektiert wird, hält es aber auf. Im Laufe der Erdgeschichte haben Vulkane Unmengen an CO_2 in die Luft gespuckt. Ein Teil blieb in der Atmosphäre und wärmte den Planeten langsam auf. Einen Teil hat die Natur über Jahrmillionen durch chemische Gesteinsverwitterung, Photosynthese (Pflanzen verarbeiten Kohlendioxid zu Sauerstoff und nahrhaftem Zucker) und Verwitterung der Atmosphäre wieder entzogen und in der Erde gespeichert – in Form von Kohle, Erdöl und Erdgas[10] (sogenannte fossile Energieträger).

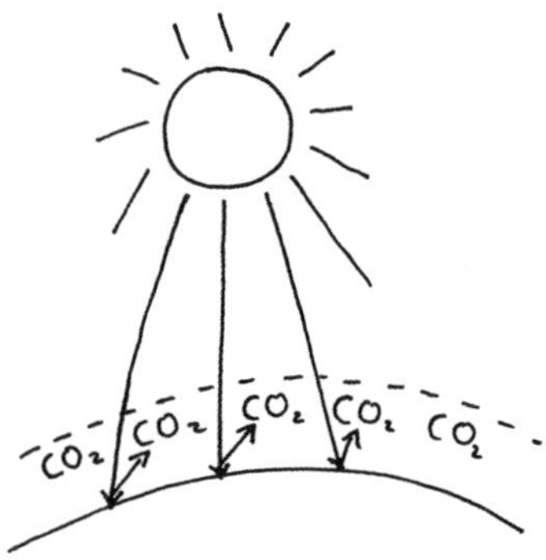

Seit die Menschheit existiert, befinden sich CO_2 und die anderen Gase in der Atmosphäre eigentlich in einem perfekten Gleichgewicht, sodass wir uns auf der Erde gut entwickeln konnten und es in den meisten Gegenden nie zu heiß oder zu kalt war. In einem ständigen Kreislauf wird das CO_2, das nicht dauerhaft im Boden gebunden ist, aufgenommen und wieder ausgestoßen. Pflanzen nehmen CO_2 auf und geben Sauerstoff ab. Wir atmen Sauerstoff ein und stoßen bei der Ausatmung CO_2 aus. CO_2 wird außerdem ausgestoßen, wenn Vulkane ausbrechen, wenn Pflanzen verrotten oder Tiere und Menschen nach ihrem Tod verwesen. Wasser und Gestein wiederum nehmen CO_2 auf.[11]

Dieses Gleichgewicht bringen wir Menschen seit etwa 150 Jahren durcheinander. Wenn wir fossile Energieträger verbrennen, befreien wir das gebundene CO_2 wieder. Und zwar in solchen Mengen, dass sie die Natur nicht wieder aufnehmen kann. So verursachen wir einen unnatürlichen Treibhauseffekt. Wir haben allein in den vergangenen 30 Jahren so viel CO_2 in die Luft gepustet wie alle Menschen zusammen in all den Jahrtausenden zuvor – 20 bis 30 Milliarden Tonnen pro Jahr.[12] Unsere Atmosphäre besteht zwar nur zu 0,0407 Prozent[13] aus CO_2 (oder 407 ppm – Teilchen pro Millionen Teilchen), aber das reicht, um die Erde aufzuheizen. Vor der industriellen Revolution lag der Anteil von CO_2 in der Atmosphäre bei nur 0,028 Prozent. Anders als Stickstoff (78 Prozent) und Sauerstoff (21 Prozent) nehmen CO_2-Moleküle Wärme auf und reflektieren sie wieder. Um eine Wirkung auf der Erde zu erzielen, reicht schon eine winzige Menge.[14] Zum Vergleich: Würdest du eine Flasche Wasser trinken, die einen Tropfen hochgiftiges Arsen oder ein paar Milligramm radioaktives Plutonium enthält? Trink es lieber nicht. Auch in diesen Fällen hätte die kleine Menge eine starke Wirkung.

Auch über Methan wird häufig gesprochen. Es entweicht, wenn Erdöl und Erdgas gefördert werden oder wenn Kühe ihre Nahrung verdauen.[15] Methan ist zwar 28-mal klimaschädlicher als CO_2. Es bleibt aber nur etwa 12 Jahre in der Atmosphäre und zerfällt dann. CO_2 dagegen hält sich dort bis zu 120 Jahre und wirkt damit über Generationen hinaus.

NENNT ES DOCH BEIM NAMEN!

Du hast es schon gemerkt: Ich spreche in diesem Buch von »Klimakrise« statt »Klimawandel«. Das empfehlen inzwischen einige Experten, Aktivistinnen und Medien.[20] Denn der Begriff »Klimawandel«, der ja meistens verwendet wird, klingt recht harmlos und drückt nicht deutlich genug aus, wie bedrohlich die Veränderungen in unserem Klima für die Welt sind, wie wir sie kennen und brauchen. Aus dem gleichen Grund sollte man statt »Erderwärmung« passender »Erderhitzung« sagen.

Die Klimakrise berührt fast jeden Bereich unseres Lebens: Politik und Wirtschaft, Gesundheit und Soziales, Privates und Öffentlichkeit, unser Land und die ganze Welt.

Die Erde heizt sich also immer weiter auf, je mehr Kohlendioxid, Methan und andere Schadstoffe in die Luft gepustet werden. Im Moment steigt die Durchschnittstemperatur unseres Planeten mit jedem Jahrzehnt um 0,2 Grad. Nun lässt sich leicht ausrechnen, wann sich die Erde um 1,5 oder zwei Grad erwärmt hat. Das sind die Grenzen, um die immer wieder gerungen wird. Nicht mehr als zwei Grad sagt die Politik, nicht mehr als 1,5 Grad fordern Wissenschaftlerinnen und Naturschützer. Dabei ist die Durchschnittstemperatur über den Landflächen der Erde bereits um 1,53 Grad gestiegen, nur weil es über den Ozeanen kühler ist, liegt der globale Durchschnittswert noch darunter.[16]

Sicher ist: Je wärmer der Planet, desto verheerender die Auswirkungen auf uns und die Natur. Wer also für zwei Grad eintritt, nimmt in Kauf, dass es mehr Überflutungen, Dürreperioden, Wirbelstürme und andere Naturkatastrophen gibt, dass mehr Menschen (ver-)hungern, mehr Tier- und Pflanzenarten aussterben und mehr Bewohnerinnen an den Küsten oder auf Inseln ihr Zuhause verlieren.

Wissenschaftler haben berechnet, wie viel CO_2-Ausstoß die Menschheit allerhöchstens noch verursachen darf, damit die Erde sich nicht um mehr als 1,5 Grad erhitzt. Diese Menge wird als CO_2-Budget bezeichnet – und zwei Drittel dieses Budgets haben wir bereits verbraucht.[17] Die Zeit läuft. In weniger als acht Jahren ist unser CO_2-Budget aufgebraucht. Dann wird es richtig eng. Um bei 1,5 Grad Erwärmung zu bleiben, dürften wir spätestens ab 2050 kein CO_2 mehr ausstoßen.[18] Wo es dennoch ausgestoßen wird, muss es an anderer Stelle etwa durch Pflanzen oder spezielle Anlagen wieder aus der Luft geholt werden (s. S. 104). Die Emissionen wären dann bei »nettonull«.

Manche sagen, das Klima habe sich doch schon immer verändert, auch als es noch gar keine Menschen auf der Welt gab. Das stimmt. 4,6 Milliarden Jahre ist die Erde alt. Ungefähr. In dieser Zeit hat sich das Klima immer wieder geändert, allein in den vergangen 650 000 Jahren mehr als sieben Mal. Diese Veränderungen gingen aber immer so langsam vor sich, dass sich die Natur weitgehend anpassen konnte.

Also alles Panikmache? Wie man es nimmt. Wer sich allein um den Planeten sorgt, kann sich zurücklehnen. Wer sich und seinen Kindern und Enkeln ein gutes Leben wünscht, kann aber sehr wohl in Panik geraten. Denn bei den Klimakatastrophen, die unser Planet schon mitgemacht hat, sind jedes Mal etwa zwei Drittel aller Arten ausgestorben.[19] Und im Moment erleben wir Klimaveränderungen, die viel zu schnell vor sich gehen, als dass sich die Natur – und damit auch wir – anpassen könnten. Um klar zu machen, dass diese Klimakrise kein zufälliges Naturereignis ist, sondern von Menschen verursacht wird, bezeichnen sie Expertinnen daher als »anthropogen«, also »menschengemacht«

ABER

MANCHE SAGEN, DIE KLIMAKRISE GIBT'S GAR NICHT!

Das stimmt.

Manche Leute, sogar Politiker, die verantwortlich für das Wohl vieler Menschen sind, sagen, die Klimakrise gäbe es nicht. Oder sie sei nicht von Menschen verursacht. Dafür gibt es verschiedene Gründe:

Manchen Menschen macht die Vorstellung Angst, dass unser Lebensstil die Erde zerstört. Sie möchten lieber glauben, dass die Klimakrise eine Erfindung ist. Dann könnten sie so weiterleben wie bisher. Also glauben sie eher jenen Nachrichten, die ihre Meinung bestätigen. Psychologen nennen dies »confirmation bias«[21], (»Bestätigungsverzerrung«.)

Andere wollen verhindern, dass sie richtig viel Geld verlieren. Ölfirmen wie ExxonMobil oder Autohersteller wie Chrysler haben sogar PR-Leute dafür bezahlt, die Klimakrise öffentlichkeitswirksam infrage zu stellen.[22] Denn sie gehören zu den Ersten, die weniger verdienen, wenn Klimaschutz-Gesetze erlassen werden und die Menschen weniger Auto fahren, fliegen oder weniger Kunststoffprodukte kaufen. Es lohnt sich also, genau hinzuschauen, wer eine Studie in Auftrag gibt und wer von ihren Ergebnissen profitiert. Einzelne Konzerne oder die Menschheit?

Manche sogenannte Klimaskeptiker geben zwar zu, dass die Erde wärmer wird, behaupten aber, das sei für uns Menschen nicht so schlimm. Sie berechnen dann zum Beispiel nur die Erwärmung und ihre Folgen bis 2040. Dabei rechnen Wissenschaftler mit der drastischsten Erwärmung und ihren Konsequenzen (höherer Meeresspiegel, mehr Stürme, Dürren) erst nach 2050.[23] Wenn man dieses Worst-Case-Szenario aus Prognosen streicht, sagt Michael Oppenheimer, ein Professor für Geowissenschaft an der US-amerikanischen Universität Princeton, sei das, als würde man Autos ohne Gurte entwerfen.[24]

Zugegeben: Wie der Mensch das Klima und die Umwelt beeinflusst, ist ein kompliziertes Thema, das auch Experten noch nicht vollständig durchschauen. Dennoch sind die meisten Wissenschaftlerinnen einig, es herrscht also ein wissenschaftlicher Konsens darüber:[25] Die Klimakrise geschieht, und wir Menschen beschleunigen sie durch den übermäßigen Ausstoß von CO_2. Neue Studien, die 2019 veröffentlicht wurden, zeigten noch mal: In den vergangenen 2000 Jahren ist die Temperatur auf der Erde noch nie so schnell und in so vielen Regionen gleichzeitig gestiegen wie in den vergangenen Jahrzehnten.[26]

Und selbst wenn wir nicht einschätzen können, wer recht hat, können wir uns zwei Fragen stellen: Wem nutzt es, die Klimakrise zu leugnen? Und wäre es schlimm, umwelt- und klimafreundlicher zu leben, selbst wenn es die Klimakrise nicht gäbe?

Denn auch wenn man glaubt, niemals einen Autounfall zu haben, schnallt man sich ja trotzdem an.

Energie – Das CO_2, das aus der Tiefe kommt

Wenn wir im Winter unsere Wohnungen heizen, wenn wir Handys und Elektroautos laden, Licht oder den Fernseher einschalten, wenn Medikamente gekühlt und Beatmungsmaschinen betrieben werden, aber auch wenn Maschinen in Fabriken laufen, um Dinge zu produzieren, die wir kaufen können – in fast allen Lebensbereichen verbrauchen wir Strom. Und den produzieren wir noch immer zum größten Teil, indem wir in Kraftwerken fossile Energieträger verbrennen. Dabei entstehen Elektrizität und Wärme. Diese Herstellung von Energie – egal ob Wärme oder Strom – verursacht im Moment die meisten Treibhausgasemissionen, nämlich etwa 70 Prozent aller Emissionen[1] in Deutschland. Die Hälfte davon strömt aus Kohlekraftwerken. Zwar hatte Bundeskanzlerin Angela Merkel bis spätestens 2038 den Ausstieg aus der Kohle verkündet, trotzdem werden in Deutschland noch neue Kohlekraftwerke geplant und Dörfer für den Kohleabbau abgerissen.[2] Als der Energiekonzern RWE ankündigte, weitere Teile des Hambacher Forsts in Nordrhein-Westfalen zu roden, um dort Braunkohle abzubauen, zogen Tausende Demonstranten in den Wald, um gegen die Umweltzerstörung und für den Kohleausstieg zu protestieren. Denn von mehr als 4000 Hektar stehen von dem rund 12000 Jahre alten Wald nur noch 200. Der Hambacher Forst ist damit in Deutschland Sinnbild für die Umweltzerstörung durch den Kohleabbau geworden.[3]

Auch wenn Menschen Erdöl und Erdgas aus den Tiefen der Erde an die Oberfläche holen, leidet die Umwelt. Um Förderanlagen und Pipelines zu bauen, werden Wälder gerodet, Flussläufe blockiert, Steppen verbrannt und Sümpfe trockengelegt. Bei der Förderung fallen Abwasser, Schlamm und Gestein an, die mit Erdöl und Chemikalien belastet sind. Dieser Abfall vergiftet Wasser und Böden, Tiere und Menschen. Große Unfälle, wenn Öltanker sinken oder Bohrinseln explodieren, sind zwar selten, doch auch bei der normalen Ölförderung und beim Transport tritt immer wieder Öl aus, das Wasser und Boden vergiftet, Vögeln die Federn verklebt, Krebs verursacht und Fischembryos absterben lässt. Erdgas ist manchmal in Gestein gebunden. Um es da herauszuholen, presst man mit gigantischem

Druck eine Mischung aus Wasser, Quarzsand und Chemikalien in den Boden (»Fracking«). So wird das Gestein aufgesprengt, das Gas kann entweichen und gefördert werden. Die Chemikalien sind aber giftig und können ins Grundwasser gelangen.[4]

Weil bei ihrer Herstellung so viel Schaden entsteht, gilt die Energie aus Kohle, Erdöl und Erdgas als schmutziger Strom. Strom aus Atomkraftwerken wird manchmal als sauberer Strom bezeichnet, weil Atomkraftwerke keine Emissionen verursachen. Dafür verursacht Atomkraft andere Umweltschäden: Beim Abbau von Uranerz, vor allem in Entwicklungsländern, werden Natur und Grundwasser radioaktiv verseucht. Allein für ein Kilo Uran entsteht eine Tonne sogenannter Abraum, der radioaktiv und mit Schwermetallen belastet ist. Weil für den Abbau viel Wasser verbraucht wird, sinkt in Ländern wie Niger der Grundwasserspiegel – wo es dort doch ohnehin zu wenig Wasser für Mensch und Natur gibt.[5] Und wenn der Strom schließlich produziert wurde, bleibt radioaktiver Abfall zurück, der irgendwo über Jahrtausende gelagert werden muss. Die radioaktive Strahlung ist gefährlich für Mensch und Umwelt, sie kann zum Beispiel Krebs verursachen.

Und manchmal geht es richtig schief. Reaktorunglücke sind zwar extrem selten, aber wenn sie passieren, zerstören sie auf unbestimmte Zeit ganze Landstriche, kosten unzähligen Menschen, Tieren und Pflanzen das Leben oder die Gesundheit, und zerstören ihren Lebensraum. Vom Reaktorunglück in Tschernobyl im Frühjahr 1986 hat sicher jeder schon einmal gehört. Etwas Ähnliches geschah

2011 in Fukushima. Während der zerstörte und atomverseuchte Reaktor in Tschernobyl aber mit einer Schutzhülle voraussichtlich für die nächsten 100 Jahre strahlungsdicht abgeschlossen werden konnte, verseucht die Reaktorruine an der japanischen Küste noch immer das Meer. Denn der geschmolzene Brennstoff wurde noch nicht vollständig gefunden und geborgen und strahlt noch immer, Wasser und Strände werden Tag für Tag weiter radioaktiv verseucht.

Verkehr – Immer schneller, höher, dreckiger

Nach der Energiegewinnung verursacht die Art, wie wir uns fortbewegen, mit die meisten Emissionen. Nämlich pro Kilometer und Person ungefähr:
60 Gramm mit der Bahn
75 Gramm mit dem Linienbus
139 Gramm im Auto
und 201 Gramm im Flugzeug[1]

Der Straßenverkehr – also Autos, LKW und Busse zusammen – ist für 95 Prozent der Emissionen im Verkehr verantwortlich. Dazu kommen Treibhausgase aus Zügen, Schiffen und Flugzeugen. Insgesamt machen die Emissionen durch Verkehr 18 Prozent der Treibhausgasemissionen Deutschlands aus.[2] Gefährlich ist dabei neben CO_2 und Stickoxiden vor allem der Feinstaub. Der besteht aus winzigen Staubpartikeln, die beim Fahren und Bremsen entstehen. Auch die Landwirtschaft, die Industrie und sogar Drucker und Kerzen verursachen Feinstaub. Der ist für Lebewesen schädlich, weil die Staubpartikel in die Lunge und sogar in den Blutkreislauf gelangen, wo sie zum Beispiel Krebs und Herzkrankheiten auslösen können.[3] Auch Pflanzen leiden unter dem Feinstaub. Der lagert sich auf den Blättern ab und entzieht ihnen Feuchtigkeit. Damit sind sie Wassermangel und Dürre schutzloser ausgeliefert.[4]

Feinstaub belastet vor allem die Bewohnerinnen unserer Städte, in Entwicklungsländern noch mehr als in Industrieländern, weil dort ältere Autos fahren, schmutzigere Fabriken stehen und mehr Müll verbrannt wird. Da fliegen Blei und Zink, Chrom und Arsen durch die Luft, giftige Stoffe, die so klein zerrieben sind, dass man sie nicht sehen, dafür aber einatmen kann. Der Hamburger Fotograf Niklas Grapatin hat sie in Dhaka mit einem großen Blitz sichtbar gemacht, dessen grelles Licht von den Staubpartikeln in der Luft reflektiert wird. Auf den Bildern sieht es aus, als würde es regnen.[5]

Der Verkehr belastet die Umwelt aber nicht nur durch Feinstaub. An Schiffe denken wir beim Thema Verkehr oft gar nicht, dabei werden weltweit zwei Drittel aller Frachtgüter mit dem Schiff transportiert. Wenn sie Schmutzwasser oder gar Öl ablassen oder Müll über Bord werfen, dann geschieht das meistens auf dem offenen Meer, in internationalen Gewässern.[6] Allein ins Mittelmeer fließen jedes Jahr zwei Millionen Tonnen Öl, 800000 Tonnen Nitrate und 60000 Tonnen Waschmittel[7] von Schiffen, aber auch

aus Abwässern, die von Häusern und Fabriken in Flüsse und dann ins Meer gelangen. In internationalen Gewässern ist kein einzelnes Land für die Einhaltung von Gesetzen zuständig. Deswegen müssen Länder zusammenarbeiten, denn der Schutz der Meere betrifft natürlich alle Menschen, egal zu welchem Land ein bestimmter Teil der Meere nun gehört.

Mit dem Schiff sind wir selber zwar kaum noch unterwegs, aber so eine Flugreise einmal im Jahr muss schon sein, oder? »Wo warst du im Urlaub?« ist ja eine Standardfrage am Ende des Sommers. Und wenn dann Flug und Hotel nur wenige Hundert Euro kosten, freut man sich erst recht. Den Rest zahlt wieder die Umwelt. Denn Fliegen ist das, was in den Medien gern »Klimakiller« genannt wird. Es saßen zwar bisher etwa 80 Prozent der Weltbevölkerung noch nie in einem Flugzeug, trotzdem gibt es pro Jahr rund vier Milliarden Fluggäste,[8] viele Menschen fliegen also mehrmals. Ein Flug nach New York und zurück verursacht rund vier Tonnen CO_2. Eine Hamburger Forschungsgruppe hat ausgerechnet: Pro Tonne freigesetztes CO_2 schmelzen drei Quadratmeter Meereis im arktischen Sommer.[9] 12 Quadratmeter also für eine Reise nach New York und zurück, so viel wie ein kleines Zimmer.

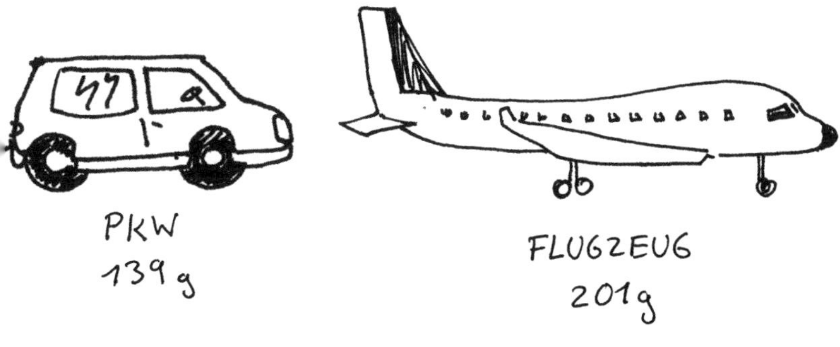

Besserung ist nicht in Sicht. Der Tourismus ist einer der am schnellsten wachsenden Industriezweige der Welt, immer mehr Menschen reisen, weil gerade in Schwellenländern auch immer mehr Menschen das Geld dazu haben. Wenn die Entwicklung im Flugverkehr so weitergeht, ist die Luftfahrt in 30 Jahren für mehr als 20 Prozent des CO_2-Ausstoßes auf der Welt verantwortlich. Im Moment sind es noch 2,5.[10]

Das ist auch deswegen fatal, weil Touristen noch allerhand andere Schäden an der Umwelt verursachen: Taucher und Schnorchler zum Beispiel verjagen – wenn auch unabsichtlich – die Fische, die sich vor diesen großen Wesen mit ihren Taucherbrillen und Flossen verstecken. Mit ihren langen Flossen stoßen Taucher außerdem häufig gegen Korallen und brechen sie ab. Die Anker der Touristenboote fräsen immer wieder über den Meeresboden, verletzen Tiere und zerstören Pflanzen. Sonnencreme, die fast alle Badeurlauber verwenden, wird im Wasser meist sofort wieder abgespült (auch wenn sie als »wasserfest« gilt) und belastet dort Korallen und winzige Wasserorganismen. Partikel aus Ökosonnencremes, die auf der Haut vor Sonnenbrand schützen, können im Wasser kleine Tiere wie etwa Wasserflöhe sogar töten.[11] Die Touristen, die sich statt im Wasser lieber im Schnee tummeln, sind leider auch nicht umweltbewusster. In den bayrischen Skigebieten zum Beispiel werden große Teile der Pisten mit Kunstschnee beschneit. Dafür nutzt man Unmengen an Energie, mehr als die Bewohner von Nürnberg in einem Jahr verbrauchen. Und Unmengen an Wasser, mehr als in München in einem Jahr aus den Hähnen fließt.[12]

Ernährung – Wie die Natur für unser Essen bezahlt

Dass Erdöl und Kohle die Umwelt verschmutzen, kann man sich leicht vorstellen, schließlich ist das Zeug klebrig und dreckig. Dass aber ein knackiger Salat oder schneeweiße Milch umweltschädlich sind, vermutet man erst mal nicht. Trotzdem ist unsere Ernährung in Deutschland für 15 Prozent der hiesigen Treibhausgasemissionen verantwortlich.[1] Dazu kommen allerhand andere Schäden.

Rinder, Schweine und andere Tiere

Fleisch, Wurst, Käse, Milch, Joghurt, Eier – was aus oder von Tieren gemacht ist, gehört für die meisten von uns zu jeder Mahlzeit auf den Tisch. Rund 60 Kilo Fleisch essen die Deutschen im Jahr.[2] Weltweit landet das Fleisch von etwa 65 Milliarden Tieren auf Tellern oder im Müll, ebenfalls pro Jahr. Und weil Menschen immer mehr Fleisch essen – vor allem auch in Entwicklungsländern –, kommen immer mehr Nutztiere dazu.

Die Tiere, die wir essen, müssen natürlich selber auch fressen. Um all das Futter anzubauen, werden enorme Flächen verbraucht. In Deutschland wird rund die Hälfte der Fläche für die Landwirtschaft genutzt. Davon wiederum geht mehr als die Hälfte (60 Prozent) für den Anbau von Futter für Nutztiere drauf, das ist so viel wie die Fläche von Brandenburg und Bayern zusammen. Nur 20 Prozent der Fläche wird für Lebensmittel für den Menschen gebraucht, und noch einmal 20 Prozent, um zum Beispiel Mais und Raps anzubauen, aus denen Biogas bzw. Biokraftstoff hergestellt werden.[3] Weltweit wird mehr als ein Viertel des Landes, das nicht von Eis bedeckt ist, als Weideland genutzt[4], ein Drittel des Ackerlandes braucht man dann noch, um Futterpflanzen anzubauen[5]. Insgesamt nutzen wir weltweit etwa 80 Prozent der landwirtschaftlichen Fläche für die Tierhaltung.[6]

Das Problem dabei: Überall, wo der Mensch Land braucht, werden Tiere und Pflanzen, die dort ursprünglich lebten, verdrängt. Landnutzung ist deswegen eine der Ursachen dafür, dass so viele Tier- und Pflanzenarten auf unserem Planeten vom Aussterben bedroht sind (s. S. 73). Vor allem Soja wird häufig verfüttert, weil es relativ günstig ist und besonders viel Eiweiß enthält, das die Tiere zum Muskel-, also zum Fleischaufbau brauchen. Für ein Kilo Geflügelfleisch wird fast ein Kilo Soja verbraucht. Besonders viel Soja kommt aus Südamerika, wo der Regenwald im Amazonasgebiet, die Nebelwälder Argentiniens oder die Savanne Brasiliens für den Sojaanbau zerstört werden.[7] Oft wird der Wald einfach niedergebrannt.

Durch diese Brandrodung, den Anbau von Futterpflanzen, aber auch durch die Tierhaltung selbst entstehen Emissionen, etwa beim Heizen von Ställen und Betreiben von Maschinen oder wenn Futter zu den Höfen und Tiere zum

Schlachten transportiert werden. Pro Kilo Rindfleisch sind es 13 Kilo CO_2. Bei einem Kilo Äpfel werden nur 0,5 Kilo CO_2 freigesetzt.[8] Ein großer Hamburger auf deinem Teller hat so viel CO_2-Ausstoß verursacht wie 25 Kilometer Autofahrt.

Und nicht nur CO_2. Rinder – die zweithäufigste Nutztierart nach Hühnern[9] – produzieren ein besonders klimaschädliches Gas: Methan. Das Futter, das sie fressen, wird in ihren Mägen von Bakterien zersetzt. Dabei rülpst ein einzelnes Rind bis zu 250 Liter Methan pro Tag aus. Methan entsteht auch durch Süßwasserfische. Ihre Ausscheidungen sinken auf den Boden, wo Faulgase entstehen, die wiederum in die Luft steigen.[10]

Umweltschädlich sind auch die Ausscheidungen von Rindern, Schweinen und Co., obwohl sie ja ganz natürlich sind. Aber eben nicht in der Menge, in der wir Tiere für die Herstellung von Fleisch und anderen Produkten halten. Pro Jahr produzieren Nutztiere allein in Deutschland 200 Millionen Kubikmeter Gülle, also Kot, Urin und Mist, damit könnte man einen mittelgroßen See füllen. Pro Kilo Steak sind das 20 Liter Gülle.[11] Die Ausscheidungen werden auf Feldern als Dünger verwendet, den Stickstoff darin brauchen die Pflanzen zum Wachsen. Landet allerdings mehr Gülle auf den Feldern, als die Pflanzen verwerten können, sickert der Stickstoff in Form von Nitrat ins Grundwasser.[12] Weil Nitrat im Körper krebserregend wirken kann, muss es aus dem Wasser herausgefiltert werden, bevor dieses als Trinkwasser durch unsere Leitungen fließt. Das kostet Energie, außerdem macht es unser Leitungswasser teurer (wir zahlen also für die Schäden, die die Landwirtschaft mit der übermäßigen Gülleproduktion und Düngung anrichtet). Und noch mehr landet aus der Gülle in unserer Umwelt, vor allem in der Luft und im Grundwasser: Phosphor, das Algen im Wasser übermäßig wachsen lässt und andere Lebewesen gefährdet. Ammoniak, das Insekten und Pflanzen vergiftet. Und multiresistente Keime, die schließlich auch uns Menschen gefährlich werden können.

Die EU-Kommission will von der deutschen Regierung deswegen bald mehrere Hunderttausend Euro Strafe fordern für jeden Tag, an dem Gülle weiterhin das (deutsche) Grundwasser verseucht. Das zahlt dann auch der Steuerzahler.[13]

Und Wasser wird durch die Tierhaltung nicht nur verschmutzt, sondern auch in Massen verbraucht. Für ein Kilo Rindfleisch benötigt man 15500 Liter Wasser.[14] Etwa zehn Mal so viel wie für ein Kilo Weizen.[15]

Die Tierhaltung verursacht also viel Schaden in der Natur, mit wenig Nutzen für uns. Denn aus dem Fleisch und den Molkereiprodukten beziehen wir nur 18 Prozent unseres Kalorienbedarfs.[16] Außerdem ist es ungesund, viel Fleisch zu essen. Nicht mehr als 600 Gramm Fleisch pro Woche sollte ein Mensch essen, empfiehlt die Deutsche Gesellschaft für Ernährung.[17]

Fisch ist zwar oft gesünder als Fleisch, aber kaum umweltfreundlicher. Ein Drittel der Fischpopulationen gelten als überfischt.[18] Dazu kommt der Schaden für all die Meerestiere, die wir nicht essen, die aber in Netzen hängen bleiben und dort verenden.

Gemüse, Obst und andere Pflanzen

Auch für den Anbau von Pflanzen als Lebensmittel wird Fläche (12 Prozent der nutzbaren Fläche weltweit)[19] und Wasser (etwa 40 Prozent des weltweit genutzten Wassers)[20] verbraucht und werden Emissionen ausgestoßen (7 Prozent der weltweiten Treibhausgasemissionen)[21], andere Probleme sind aber größer:

Dünger (nicht nur Gülle) gelangt von den Feldern ins Grundwasser, verseucht unser Trinkwasser und zerstört Ökosysteme in Seen und Flüssen. Wenn nämlich zu viele Nährstoffe im Wasser sind, wachsen besonders viele Algen an der Oberfläche. So dringt weniger Sonnenlicht in tiefere Wasserschichten, die Pflanzen und Tiere darunter gehen ein. Wenn Algen und andere Wasserpflanzen und -tiere absterben, werden sie von Bakterien zersetzt. Die wiederum verbrauchen Sauerstoff, der dann anderen Wasserlebewesen fehlt. So entstehen »Todeszonen«[22]. Düngemittel von den Feldern düngen außerdem andere Pflanzen mit. Bäume wachsen dadurch zwar besser, werden aber durch das schnelle Wachstum geschwächt und sind anfälliger für Krankheiten und Parasiten.

Pestizide schwächen nicht nur die Schädlinge, gegen die sie die Pflanzen auf dem Feld schützen sollen, sondern auch andere Insekten wie Bienen und Hummeln, die ja für die Bestäubung von Pflanzen unverzichtbar sind.[23] Vögel, die Insekten fressen, finden dann nicht mehr genug Nahrung und wandern ab oder verhungern.

Die Felder sind außerdem inzwischen so groß, dass Hecken und Waldstreifen fehlen, die ursprünglich kleinere Felder voneinander abtrennten. Dort konnten Vögel brüten, Kleintiere nisten und Insekten Nahrung finden. Ohne diesen Lebensraum gibt es ebenfalls weniger Insekten, Vögel und Wildtiere, die Artenvielfalt nimmt ab.

Die Felder und Forste, die einen Großteil unseres Planeten überziehen, werden meistens mit schweren Maschinen bearbeitet, die mit ihrem Gewicht den Boden zusammenpressen. Der verliert dadurch an Fruchtbarkeit[24] und kann derart verdichtet nicht mehr so viel CO_2 speichern.

Und weil Nutzpflanzen (und Nutztiere) möglichst viel Ertrag bringen sollen, setzen Bauern vor allem auf hochgezüchtete Arten, die sich alle sehr ähnlich sind. Deswegen sehen Kartoffeln, Möhren und anderes Obst und Gemüse im Supermarkt immer gleich aus. Die Vielfalt von Pflanzen und Tieren geht verloren. Und in Zukunft könnte es schwerer werden, angepasste und widerstandsfähige Arten zu züchten, weil der Genpool weniger vielfältig ist.[25]

Gemüse wie Tomaten, Paprika und Gurken, die wir wie selbstverständlich das ganze Jahr über kaufen, werden in Ländern angebaut, die eigentlich viel zu wenig Wasser haben. Im spanischen Almeria zum Beispiel wächst das Gemüse auch noch unter gigantischen Plastikplanen auf einer Fläche von insgesamt rund 45000 Fußballfeldern[26]. Das »Plastikmeer« ist so groß, dass die weiße Fläche vom Weltall aus zu sehen ist.[27] Das ist natürlich eine gigantische Menge an Müll, denn die Plastikplanen halten nicht ewig. Und weil es in der Region kaum Flüsse gibt, nutzen die Bauern Grundwasser zur Bewässerung. Die restliche Natur geht leer aus. Auch Tiere, die vom Aussterben bedroht sind, verlieren dadurch ihren Lebensraum und ihre Nahrungsgrundlage, wie etwa der Iberische Luchs[28] in Spanien. Ganz schlimm für Tiere und Natur ist Palmöl. Es steckt in der Hälfte aller in Deutschland erhältlichen Waren.[29] Für die Palmölplantagen (und auch für den Sojaanbau) werden jährlich Tausende Hektar Regenwald gerodet, in Indonesien sind deswegen der Orang-Utan und der Sumatra-Tiger vom Aussterben bedroht.[30] Zwischen 1980 und 2000 wurden 100 Millionen Hektar tropischer Regenwald abgeholzt.[31]

Die Landwirtschaft ist, wie der Name schon sagt, ein

Wirtschaftsbereich. Es geht darum, mit möglichst wenig Einsatz möglichst viel Gewinn zu erzielen. Außerdem wollen immer mehr Menschen auf der Welt ernährt werden, denn die Bevölkerung wächst weiter. Moderne Maschinen, neue Techniken, Dünge- und Pflanzenschutzmittel sowie neue Züchtungen von Tieren und Pflanzen machen es möglich: Ein einzelner Bauer produziert immer mehr Lebensmittel. Anfang des 20. Jahrhunderts erntete ein Landwirt genug Ertrag für vier Personen. Heute kann ein Bauer 135 Menschen mit seiner Ernte versorgen.[32] So können wir für wenig Geld viel Essen kaufen. Doch die Umwelt bezahlt dafür.

Transport und Lagerung

Umweltschäden entstehen nicht nur auf den Feldern und Plantagen, sondern auch beim Transport. Denn unsere Nahrung kommt ganz schön rum. Wenn wir gern Bananen, Schokolade oder Garnelen essen, ist unsere Ernährungsweise für lange und klimaschädliche Transportwege verantwortlich. Garnelen zum Beispiel werden zwar in der Nordsee gefangen, dann aber nach Marokko geschifft, wo sie von Billiglöhnern geschält und anschließend wieder nach Deutschland transportiert werden. Wer unbedingt Erdbeeren im Winter essen muss, verursacht ebenfalls einiges an Treibhausgasen. Denn wenn Obst und Gemüse außerhalb ihrer natürlichen Wachstumszeit in Gewächshäusern oder unter Folientunneln angebaut werden, entstehen gerade im Winter bis zu 30-mal mehr Emissionen als bei saisonal angebauten Nahrungsmitteln. Tiefgekühlte Lebensmittel verursachen neben dem Transport vor allem durch die energieintensive Kühlung ein Vielfaches an Emissionen verglichen mit frischer Nahrung.[33]

Wasser für Europa – aus Afrika

Das Wasser sieht klar und erfrischend aus, auf den Etiketten sind sprudelnde Quellen und schneebedeckte Berge zu sehen. Rund 400 Milliarden Liter Wasser werden jedes Jahr in Plastikflaschen abgefüllt[34], fast so viel Wasser wie den Geiseltalsee in Sachsen-Anhalt füllt. Auch wenn du diesen See bei Halle nicht kennst – das ist ziemlich viel Wasser. Dieses Wasser wird dann verkauft, für wenige Cent pro Flasche oder auch für etwa 1,60 Euro pro Dose, vermarktet als »Energydrink«. Wasser liefert unserem Körper tatsächlich Energie, aber ob es teuer abgefüllt und weit transportiert wurde oder einfach aus dem Wasserhahn fließt, ist unserem Körper egal. Leitungswasser ist in Deutschland sogar unbedenklicher als Wasser aus Plastikflaschen. Denn aus dem Kunststoff kann Mikroplastik, also winzige Plastikteilchen, ins Wasser übergehen. Die trinken wir dann mit. Ob und wie schädlich das für unsere Gesundheit ist, weiß man noch nicht.[35] Schlecht für die Umwelt ist das Wasser in Flaschen auf jeden Fall, weil die Flaschen natürlich produziert und später, wenn sie nicht mehr gebraucht werden, energieaufwendig recycelt oder entsorgt werden müssen.[36] Und beim Transport von der Quelle zum Supermarkt mit LKW, Schiff oder gar Flugzeug werden auch Emissionen ausgestoßen. Leitungswasser dagegen kommt aus der näheren Umgebung und kostet nur wenige Cent pro Liter.

Wenn Konzerne Wasser dann auch noch in Ländern und Regionen abpumpen, die ohnehin nicht viel Wasser haben, etwa Pakistan[37], Kalifornien[38], Südafrika[39] oder inzwischen sogar in Frankreich (Vittel[40]), leiden dort Umwelt und Menschen. Die Unternehmen pumpen nämlich oft Hunderttausende Liter am Tag aus dem Grundwasser ab. So sinkt der Grundwasserspiegel, Pflanzen und Tiere finden nicht mehr genug Wasser, Brunnen trocknen aus. Auch in Deutschland könnte Wasser bald knapp werden, wenn die Sommer weiter so heiß und trocken bleiben. In Bayern und Niedersachsen streiten sich Landwirte und Kommunen bereits ums Trinkwasser, auch in anderen Bundesländern gab es lokale oder regionale Engpässe.[41]

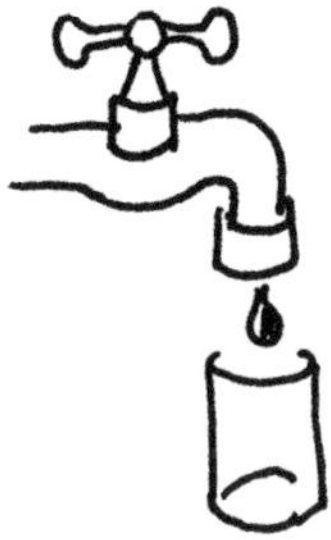

Konsum – Wie wir den Planeten kaputtkaufen

Auch wenn es banal klingt: Damit wir Dinge kaufen können, müssen sie hergestellt werden. Am umweltschädlichsten bei der Produktion von Gütern und Waren ist die Herstellung von Dingen, die wir im Alltag kaum bewusst wahrnehmen, etwa Stahl, Zement oder Chemikalien. Die stecken aber natürlich in Dingen, mit denen wir im Alltag ständig zu tun haben, etwa Autos, Häuser oder Erdbeerjoghurt (ja, auch in dem steckt Chemie, zum Beispiel Aromastoffe).

Auch manche Gegenstände, die schon lange hergestellt sind, setzen weiterhin Treibhausgase frei, etwa Lacke und Farben, Feuerlöscher und Klimaanlagen, Schallschutzfenster und Dämmstoffe. Noch machen sie nur weniger als zwei Prozent der Treibhausgasemissionen in Deutschland aus, es wird aber mehr.[1]

Plastik auf deinem Körper

Pro Jahr werden 100 Milliarden Kleidungsstücke produziert[2], das sind etwa 13 Kleidungsstücke pro Mensch und Jahr. Kleidung, die nicht verkauft wird, wird oft zerstört, ist also zusätzlicher Müll, der die Umwelt belastet. Im

Durchschnitt kauft jeder Deutsche im Jahr rund 60 Kleidungsstücke und schmeißt viele bald wieder weg. 40 Prozent der Klamotten, die hierzulande weggeworfen werden, sind kaum oder nie getragen worden. Für ein einzelnes dieser Kleidungsstücke, wie etwa ein Hemd aus Baumwolle, werden durchschnittlich 2700 Liter Wasser verbraucht, es können aber auch bis zu 15000 Liter für ein T-Shirt sein.[3] Dazu kommt: Die Farben in den Stoffen sind oft giftig, und die Länder, in denen die Kleidung billig hergestellt wird, haben weniger strenge Umweltgesetze. Dort fließen die Farbreste, Schwermetalle und andere Gifte einfach ins Wasser.[4]

Kleidung aus Plastik (z. B. Polyester) ist noch aus einem anderen Grund Gift für unser Wasser: Beim Waschen lösen sich aus der Kleidung Mikrofasern, die ins Abwasser gespült werden. Bis zu 3000 Fasern bei jedem einzelnen Waschgang.[5] Kläranlagen können sie nicht komplett herausfiltern, sie gelangen in Flüsse, Seen und ins Meer, dort in die Mägen von Kleinstlebewesen und immer größeren Fischen, die die kleineren fressen. Und schließlich essen und trinken auch wir die Plastikfasern einfach mit. Das Problem wird immer schlimmer, schließlich bestehen bei uns sieben von zehn Kleidungsstücken aus Kunststoff.

Bäume im Buch

Fast ein Drittel der Fläche Deutschlands ist von Wäldern bedeckt[6], und fast der gesamte Wald wird wirtschaftlich genutzt. Ein Baum wird also gefällt, wenn er groß genug ist, um daraus Bretter herzustellen. Im Durchschnitt sind die Bäume in deutschen Wäldern nur 77 Jahre alt. Dürften sie länger wachsen, könnten sie auch mehr CO_2 binden. Wir sollten also eigentlich so viele Bäume wie möglich pflanzen und keine fällen. Für Bücher und Zeitschriften, für Holzkohle, Möbel und andere Produkte werden aber jeden Tag unzählige Bäume geschlagen, fast die Hälfte wird zu Papier. Das allein ist schon viel. Ein großer Teil davon stammt allerdings nicht aus eigens für die Weiterverarbeitung angebauten Bäumen, sondern oft aus illegalem Holzeinschlag.[7] Dabei werden nicht nur Bäume gefällt, sondern auch Tiere verdrängt und andere Pflanzen zerstört.

Das gibt's doch im Internet!

Immer mehr Menschen kaufen online. Ist ja auch praktisch. Kein Gedrängel mehr im Klamottengeschäft, kein Anstehen vor der Umkleidekabine. Also bestellt man gern mal ein Produkt in zwei Größen, die Größe, die nicht so gut passt, geht wieder zurück. Dafür bieten Verkäufer oft kostenlose Retouren an. Bis zu 70 Prozent der bestellten Kleidung wird wieder zurückgeschickt.[8] Für den Kunden ist das toll. Für die Umwelt nicht. Beim Transport zum Kunden (und zurück zum Verkäufer) werden natürlich Emissionen verursacht. Und oft ist es für die Händler günstiger, die Waren wegzuwerfen, statt sie auszupacken, neu zu verpacken und wieder anzubieten. Bei manchen Waren, etwa Unterwäsche oder Matratzen, wäre es außerdem unhygienisch, sie wieder zu verkaufen. Knapp vier Prozent der Retouren werden deswegen vernichtet. Das klingt wenig, sind aber immer noch elf Millionen Pakete pro Jahr allein in Deutschland.[9]

Tierleid in Tüten

Und dann gibt es noch Dinge, die man nicht im Kaufhaus und auch nicht bei den bekannten Onlinehändlern findet – um sie zu kaufen, muss man die richtigen, oft kriminellen Menschen kennen. Oder auch nur über einen Straßenmarkt in Myanmar schlendern.[10] Es geht um Elfenbein und Hörner von Nashörnern, um Pulver aus Tigerknochen, Schlangenhaut und andere Produkte von gefährdeten Tierarten.

Aus Elfenbein werden Schnitzereien, also Kunstwerke

und Schmuckstücke, hergestellt. Und das, obwohl der Handel mit Elfenbein seit 1989 international verboten ist.[11] Weil es unter anderem durch die Wilderei immer weniger Elefanten gibt, weichen Wilderer inzwischen auf Nilpferde aus und verkaufen deren große Eckzähne.[12] In Vietnam wird Pulver aus Nashorn als Heilmittel gegen Krebs, Epilepsie und Rheuma verkauft. Tiger werden getötet, um aus ihren Knochen Salben und andere Mittelchen herzustellen, vor allem Potenzmittel. Obwohl es keinerlei Beweise gibt, dass diese Medizin irgendeine Wirkung hat.[13] Es ist Aberglaube, der Geld bringt.

Gorillas und Schimpansen werden als Delikatesse gejagt[14], junge Tiere als Haustiere verkauft.[15] Und in unseren Meeren werden jedes Jahr rund 100 000 Meeressäugetiere, also Wale und Delfine, getötet.[16] Ihr Fleisch wird gegessen oder als Fischköder verwendet.[17]

Mit Produkten aus Wilderei werden im Jahr weltweit mehr als 19 Milliarden US-Dollar umgesetzt, so viel wie man sonst nur mit Waffenhandel oder Drogenschmuggel erzielt.[18] Wer zahlen kann, darf in manchen Ländern sogar bedrohte Tierarten als Trophäen abschießen, etwa Leoparden und Braunbären, Löwen und Eisbären.[19]

Gebaut wird immer

Es ist ein alter Spruch aus der Baubranche: Menschen müssen wohnen, arbeiten und auf Straßen fahren, gebaut wird also immer. Dabei wird vor allem Zement verbaut, eine Mischung aus Kalkstein und Ton. Zement wird besonders energieintensiv hergestellt, das Material muss nämlich auf 1450 Grad erhitzt werden.[20] Wo der Kalkstein abgebaut wird, werden Wälder gerodet, Tiere vertrieben und Wasser verbraucht. Außerdem werden dabei enorme Mengen an CO_2 freigesetzt, das im Kalkstein gebunden ist.[21]

Neben Kalkstein und Ton braucht man zum Bauen auch Sand, und davon scheint es nun wirklich genug zu geben. Doch auch Sand ist irgendwann alle. Aus Sand stellen wir Glas, Plastik und Beton her, 200 Tonnen braucht man allein für ein Einfamilienhaus. Sand steckt auch in Kosmetika, Zahnpasta, Mikrochips, Smartphone-Bildschirmen, Flugzeugen und Autos, sogar in Lebensmitteln und Wein wird ein Stoff verarbeitet, der aus Sand gewonnen ist (Siliciumdioxid).[22] Und auf Sand werden Städte im Meer gebaut, wenn die Fläche an Land nicht mehr ausreicht. Singapur hat auf diese Weise seine Landfläche von 578 auf 719 Quadratkilometer vergrößert, in 200 Jahren.[23]

Die Nachfrage nach Kies und Sand hat sich darum in nur 20 Jahren verdreifacht. Bis zu 50 Milliarden Tonnen Sand werden pro Jahr über unseren Planeten gekarrt. Damit ist Sand – nach Wasser – gemessen am Volumen der meistgeförderte Rohstoff der Welt.[24] Der Handel mit Sand ist sogar für Kriminelle interessant. In Jamaika wurden 2008 von einem Strand mehrere hundert LKW-Ladungen gestohlen. Und weil sie zum illegalen Sandbau recherchiert hatten, wurden in Indien sogar Journalisten ermordet.[25]

Nun warnt das Umweltprogramm der UNO davor, dass Sand, den wir nutzen können, knapp wird. Denn ausgerechnet den Sand, den es in der Wüste im Überfluss gibt, kann man zum Beispiel für Beton nicht verwenden, die Körner sind zu rund. Das klingt absurd. Aber das höchste Gebäude der Welt, der Burj Khalifa in der Wüstenstadt Dubai, wurde komplett mit australischem Sand gebaut.[26]

Na und?, denkst du vielleicht. Ist ja nur Sand.

Nein, nicht nur. Sand hält Flüsse und Küsten zusammen. Wird Sand einfach abgegraben, dann können Flussufer in sich zusammenfallen, Wasser tritt über die Ufer und überschwemmt das Umland. Der Grundwasserspiegel kann sich dadurch absenken, Pflanzen und Tiere finden nicht mehr genug Wasser. Manche Tiere brauchen Sand außerdem, um sich darin einzugraben und vor Feinden zu schützen, um ihre Eier hineinzulegen und auszubrüten, oder um nach Futter zu suchen. Nichts in der Natur ist unnütz.

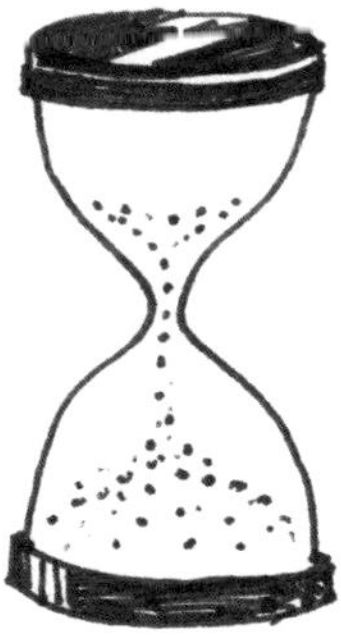

Müll – Aus den Augen, ...

Wenn wir Dinge nicht mehr brauchen, wandern sie (meistens) in den Müll. Wir werfen sie weg. Und mal ehrlich, wie oft denkst du an das, was »weg« ist, was du nicht mehr brauchst? Genau. Aus den Augen, aus dem Sinn. Für den Gegenstand, den du weggeworfen hast, beginnt im Mülleimer aber die nächste Reise. Eine, die manchmal länger ist als der Weg zu dir. Zu jeweils etwa einem Drittel[1] führt die Reise in Recyclinganlagen, Müllverbrennungsanlagen und Deponien – oft Hunderte bis Tausende Kilometer von hier.

18 Millionen Tonnen Verpackungsmüll kommen in Deutschland jedes Jahr zusammen[2], 220 Kilo pro Mensch und Jahr, mehr als im EU-Durchschnitt. Das ist ziemlich viel, doch deutscher Müll fällt bei uns kaum auf. Er wird recycelt (nicht genug), für Strom verbrannt (Strom lässt sich auch umweltfreundlicher produzieren) und ins Ausland verschifft, wo er dann Menschen und Umwelt kaputt macht.[3]

Wird doch alles recycelt, oder?

Recycling ist eigentlich eine gute Idee. Es bedeutet, dass Abfall als neuer Rohstoff wiederverwendet wird. Aus Plastikabfall zum Beispiel wird in Recyclinganlagen buntes Kunststoffgranulat hergestellt, aus dem in anderen Fabriken Spielzeug, Kleidung oder Parkbänke produziert werden. Papiermüll wird zu Büchern, Kartons oder Toilettenpapier, Glas wird zu neuen Gläsern und Flaschen.

Doch beim Recycling sind wir in Deutschland nicht so gut, wie wir denken. Und lange nicht so gut, wie wir sein könnten. 80 Prozent des Mülls wird bei uns angeblich recycelt, behauptet man im Bundesumweltministerium. Dabei wird aber nur der Müll gezählt, der in einer Recyclinganlage ankommt. Und dort sortiert man noch einmal. Etwa die Hälfte des Abfalls aus der Gelben Tonne wird gleich aussortiert, weil er gar nicht dort hineingehört und nicht recycelt werden kann.[4]

Strom aus Müll

Was nicht recycelt werden kann, wird der »thermischen Verwertung« zugeführt, was schön klingt, aber nichts anderes bedeutet als: verbrannt. In Müllverbrennungsanlagen landen also Windeln, Staubsaugerbeutel, Tampons. Aber auch komplizierte Kunststoffmischungen wie die nahezu drei Milliarden Coffee-to-go-Becher, die wir jedes Jahr verbrauchen.[5]

Immerhin wird in fast allen Anlagen die Energie, die bei der Verbrennung freigesetzt wird, als elektrische Energie oder Wärme genutzt. 800 Grad sind die Öfen heiß. Was nach der Verbrennung übrig bleibt, sind Asche und nicht verbrannte Reste, die sogenannte Schlacke. Das ist eine fiese Mischung aus Blei, Eisen, Kupfer und anderen Metallen und Salzen, giftig fürs Grundwasser, für uns und die Natur. Zum Teil wird die Schlacke in Straßen verbaut, sie darf aber nicht mit dem Grundwasser in Berührung kommen.[6]

Außerdem entstehen beim Verbrennen von Müll klimaschädliche Emmissionen. Und es wird oft Müll verbrannt, der eigentlich wiederverwertet werden könnte und nützliche Rohstoffe enthält.

Auch aus Biomüll lässt sich Energie produzieren. In Biogaswerken landet der Biomüll in großen luftdichten Räumen, wo Mikroorganismen den Abfall bei gemütlichen 38 Grad innerhalb von drei Wochen zersetzen. Bei diesem Prozess entsteht Gas, das wiederum im Gasnetz landet und Häuser mit Wärme versorgt oder in einem Kraftwerk zu Strom umgewandelt wird.[7]

Soll er doch woanders vermodern …

Was bei uns nicht verbrannt wird, verschiffen wir ins Ausland, meistens nach Asien. Rund zwei Millionen Tonnen Plastikmüll verschifft Deutschland pro Jahr in andere Länder, das sind etwa 14 Prozent des deutschen Plastikmülls.[8] Den meisten deutschen Plastikmüll importiert inzwischen

Malaysia. 2017 hat China noch die Hälfte des weltweiten Plastikmülls angenommen, die chinesische Regierung hat den Import nun aber gestoppt.[9] Was in den anderen Ländern mit unserem Müll geschieht, ob er recycelt, illegal verbrannt[10] oder in die Natur gekippt wird, kontrolliert niemand. Und vor Ort leiden dann vielleicht Menschen und Umwelt.

Letztendlich sind es darum eher nur zwölf Prozent der Plastikabfälle, die tatsächlich recycelt werden, vielleicht auch etwas mehr[11], je nach Berechnung. Bei Glas und Papier sieht es besser aus, hier werden tatsächlich jeweils etwa 80 Prozent des Abfalls wiederverwertet.[12]

Das heißt aber nicht, dass wir hemmungslos Papier und Glas verbrauchen können, denn auch das Recycling braucht viel Energie. Schließlich muss der Müll zu den Anlagen gefahren, mithilfe von Maschinen wieder aufbereitet und schließlich zu den Produktionsstätten transportiert werden. Besser also: Verursache so wenig Müll wie möglich. Erst recht keinen Plastikmüll (s. S. 178).

Hausmüll darf in Deutschland seit 2005 nicht mehr auf Deponien landen. Er wird stattdessen verbrannt. Dass wir ihn hier nicht haben wollen, hat einen Grund: Müll wird mit der Zeit richtig giftig und verseucht die Umwelt. Wenn Müll verrottet, entsteht Methan. Außerdem bilden sich dabei Flüssigkeiten, die nach unten sickern und ins Grundwasser gelangen können. Je nachdem, was da auf der Deponie vor sich hin modert, ist das Sickerwasser mehr oder weniger gefährlich, ungesund ist es aber auf jeden Fall.

Das ist nicht nur schädlich für Menschen und Natur vor Ort, sondern auch eine riesige Verschwendung. Denn in dem Müll stecken Rohstoffe, die wertvoll sein können und anderswo auf der Welt unter Einsatz von Energie und menschlicher Arbeit sowie oft auch mit schlimmen Folgen für die Umwelt aus der Erde geholt wurden, etwa Eisen, Kupfer und Tantal.[13] Diese Rohstoffe könnte man eigentlich noch verwenden, sie müssten nur möglichst umweltschonend aus dem Müll herausgeholt werden. Auf eine umweltschädliche Art tun das bereits viele Menschen auf Mülldeponien in Entwicklungsländern. Sie sortieren den Müll und verkaufen die einzelnen Rohstoffe. Um etwa an die Edelmetalle in alten Elektrogeräten zu kommen, verbrennen sie die Plastikgehäuse. Das ist Gift für ihre Lungen und für die Atmosphäre.[14]

Plastik – wie Sand im Meer

Im Ausland landet neben Elektroschrott vor allem eine Art von Müll: Plastik, ein echter Problemstoff.

Plastik macht das Leben erst mal einfacher. Wer will schon Glasflaschen nach Hause schleppen, wenn es Getränke in viel leichteren Plastikflaschen gibt? Wer will schon auf den Einkauf verzichten, nur weil er Tasche oder Beutel zu Hause vergessen hat? Kauft man eben schnell eine Tüte. Wie sollen Wurst, Käse oder Quark vom Supermarkt nach Hause kommen, wenn nicht in einer hygienischen, wasserdichten Plastikverpackung? Und wie soll man sonst hinter seinem Hund herräumen? 500 Millionen Hundekotbeutel werden pro Jahr allein in Deutschland verbraucht, 20 Prozent davon landen übrigens in der Natur oder auf der Straße, weil die Menschen, die zu den Hunden gehören, die Beutel nicht in einen Mülleimer werfen.[15]

Zwischen den frühen Fünfzigerjahren und 2015 wurden auf der ganzen Welt mehr als acht Milliarden Tonnen Plastik hergestellt[16], mehr als eine Tonne pro Mensch, der heute auf der Erde lebt. Das meiste Plastik gibt es in Form von Einwegprodukten und Verpackungen, also als Tüten, Strohhalme oder Hüllen um Bio-Gemüse im Supermarkt. Es wurde produziert, um gleich wieder weggeworfen zu werden. Im Durchschnitt werfen wir in Deutschland rund 37 Kilo allein an Verpackungsmüll aus Plastik pro Mensch und Jahr weg.[17] In ganz Europa wird nur in Irland, Luxemburg und Estland mehr Plastikmüll pro Person produziert.[18]

Das ist eine gigantische Verschwendung von Energie und Rohstoffen. Für ein Kilo Plastik werden etwa 2,5 Liter Erdöl verbraucht.[19] Allein für die Produktion der 16 Milliarden Einweg-Plastikflaschen, die wir in Deutschland pro Jahr verbrauchen, geht so viel Erdöl und Erdgas drauf, dass man mit der verbrauchten Energiemenge rund 400 000 Einfamilienhäuser ein ganzes Jahr lang heizen oder 2,6 Millionen Drei-Personen-Haushalte mit Strom versorgen könnte.[20] Und allein die Produktion der Plastiktüten, die weltweit pro Jahr verbraucht werden, verursacht einen Ausstoß von 31 Millionen Tonnen CO_2.[21] Bis 2050 wird die Produktion von Kunststoffen, wenn sie so weiterwächst wie bisher, mehr als 50 Gigatonnen CO_2 verursacht haben, mehr als zehn Prozent des gesamten CO_2-Budgets, das wir einhalten müssen, damit die Erde sich nicht um mehr als 1,5 Grad aufheizt (s. S. 27). Bio-Plastik ist übrigens keine Lösung – das wird auch energieaufwendig produziert, die Rohstoffe verbrauchen Anbauflächen und Wasser, und es verrottet nur in speziellen Kompostierungsanlagen.[22]

90 Prozent der Kunststoffe, die Menschen jemals hergestellt haben, wurden weder recycelt noch verbrannt. Bis 2050 werden daher schätzungsweise 12 Milliarden Tonnen Plastikmüll in der Umwelt landen[23], wo er langsam zersetzt wird. 450 Jahre dauert es, bis eine Plastikflasche zerfallen ist, eine Angelschnur braucht sogar 600 Jahre.[24] Wobei der Plastikmüll dann nicht wirklich verrottet, sondern von den UV-Strahlen der Sonne, Wind und Wasser zu Mikroplastik zerrieben wird. Das sind Plastikpartikel, die kleiner sind als fünf Millimeter.[25] Solches Mikroplastik steckt auch in Cremes und Shampoos, Peelings und Zahnpasten. Kläranlagen können diese Partikel nicht herausfiltern, sie enden also irgendwann im Meer.[26] Dazu kommen Plastiktüten, Becher und Flaschen, die der Wind ins Wasser bläst, Müll, der von Schiffen gekippt wird, oder auch Legosteine, die in

einem Container vom Schiff gefallen sind und sich im Meer verteilen.[27]

Vom Meeresgrund bis zu den Berggipfeln

Die Strömungen der Ozeane treiben den Müll aus allen Weltmeeren zu gigantischen Strudeln zusammen.[28] Der Müllteppich im Pazifik – der Great Pacific Garbage Patch – ist viermal so groß wie Deutschland (1600000 Quadratkilometer)[29], eine riesige Ansammlung aus Fischernetzen, Plastikflaschen, Tüten, Spielzeug. Weitere Müllteppiche gibt es im Südpazifik, im Indischen Ozean und im Atlantik. Jedes Jahr kommen zwischen 5 und 13 Millionen Tonnen Plastikmüll dazu[30] – vielleicht sogar noch mehr. Der Begriff »Teppich« stimmt allerdings nicht ganz. Man sieht den Müll kaum. Es ist eher eine Suppe voll winzig kleiner Plastikteile, die bis zum Meeresboden reicht. Selbst am tiefsten Punkt unseres Planeten – fast 11000 Meter tief, tiefer als der Mount Everest hoch ist – hat ein Taucher im Marianengraben angeblich eine Plastiktüte gesehen.[31] Und inzwischen atmen wir vermutlich sogar Plastik ein. Winzig kleine Plastikpartikel haben Forscher im Schnee der Bayrischen Alpen und sogar in der Arktis gefunden. Dieses

Plastik kann – so vermuten die Wissenschaftler – nur über die Luft so weit getragen worden sein.[32] Luft. Die atmen wir auch mehrmals pro Minute in unsere Lunge.

Der Kunststoff wird den Tieren im Meer zum Verhängnis. Plastikteilchen leuchten wie winzige Fische, Plastiktüten wabern durch das Wasser wie Quallen. Fische und andere Meerestiere verwechseln den Müll oft mit Beutetieren und fressen ihn. Der Kunststoff im Magen wird nicht oder viel zu langsam verdaut, die Tiere fühlen sich viel zu lange satt – und verhungern. Immer wieder werden verendete Meeresvögel und sogar Wale mit Mägen voller Plastik gefunden. Wo der Müll nicht im Magen landet, verletzt scharfkantiges Plastik die Tiere, oder sie verheddern sich in Fischernetzen, Plastiktüten oder anderem Müll[33], manchmal schlingt er sich um Hälse oder verfängt sich in Kiemen. Fast die Hälfte der Wasservögel und Säugetiere im Meer und 86 Prozent der Meeresschildkröten sind durch Plastikmüll gefährdet.[34] Neun von zehn Seevögeln haben Plastik im Magen. Jedes Jahr sterben rund 100000 Meeressäugetiere und schätzungsweise eine Million Seevögel an dem Müll im Meer.[35]

Wie gefährlich selbst winzige Plastikpartikel sind, können Forscher bisher nur ahnen. Denn die Kunststoffe saugen sich wie winzige Schwämme mit Schadstoffen voll, die zum Teil krebserregend sind. Das kann den Tieren schaden[36] – und letztendlich auch uns. Denn was manch ein Fisch im Körper hat, haben wir irgendwann als Fischfilet auf dem Teller. Inzwischen hat man Mikroplastik sogar im Stuhl von Menschen nachgewiesen.[37] Es wurden zwar nur acht Menschen aus acht Ländern untersucht, aber alle hatten in der Woche vor der Stuhlprobe Lebensmittel aus Plastikverpackungen gegessen oder Wasser aus PET-Flaschen getrunken, viele aßen Fisch oder Meeresfrüchte und auch Fleisch. Wissenschaftler vermuten, dass Mikroplastik im Körper Entzündungen hervorrufen und den Magendarmtrakt schädigen kann. Dazu fehlen aber noch Studien.

Zum Müll könnte man auch Abwasser zählen. In vielen Ländern fließt Abwasser aus der Industrie und den Städten ungehindert in Flüsse und Meere. 80 Prozent unserer weltweiten Abwässer landen ungefiltert in Flüssen, Seen und Meeren.[38]

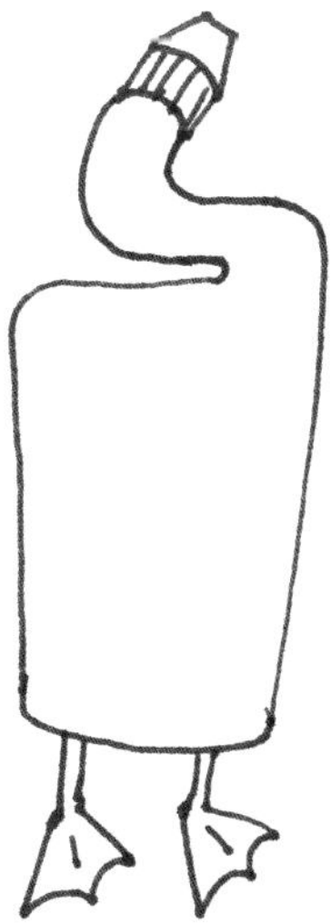

Tod, Leid und Umweltverschmutzung

In Deutschland und Europa genießen wir einen ganz besonderen Luxus: Wir können uns in Ruhe Gedanken über den Schutz der Umwelt machen. In anderen Ländern müssen sich die Menschen vor allem Gedanken um den Schutz ihres eigenen Lebens machen, wenn Bomben fallen oder bewaffnete Drohnen über den Himmel gleiten. Neben dem Leid der Menschen wird im Krieg oder in sogenannten bewaffneten Konflikten auch die Natur zerstört und werden Unmengen an Treibhausgasen freigesetzt. Chemische Waffen, Abgase von Panzern, Raketen, Kriegsschiffen und Kampfjets sowie der Energie- und Ressourcenverbrauch bei deren Herstellung und die komplette Zerstörung ganzer Landstriche richten unermesslichen Schaden in der Natur (und im Leben von Menschen) an. Dazu kommt der Energie- und Ressourcenverbrauch, wenn zerstörte Städte wieder aufgebaut werden.

Vergangene Kriege haben bereits ihre Spuren in der Natur hinterlassen. Die Atombombentests der USA in den 1940er- und 50er-Jahren belasten noch immer die Umwelt. Das radioaktive Material in der Südsee wurde damals unter einem Betondeckel deponiert. Der könnte jetzt undicht werden und das Wasser des Pazifiks verseuchen.[1]

In den 1960er-Jahren versprühten US-amerikanische Kampfjets 50 Millionen Liter eines starken Pflanzengifts über den Urwäldern Vietnams. Das sogenannte Agent Orange sollte das Laub der Bäume lichten, damit die Gegner im Unterholz besser entdeckt werden konnten. Noch immer ist der Boden in den damaligen Kriegsregionen vergiftet. Experten vermuten, dass mehrere Tierarten wegen der Vergiftung ausgestorben sind.[2]

Bei uns verseuchen Kampfmittel aus dem Ersten und Zweiten Weltkrieg, die noch unentdeckt im Boden liegen, weiterhin Böden und Grundwasser. Aber auch alte und aktuelle Standorte der Bundeswehr in Deutschland sind mit Chemikalien belastet.[3]

ABER

WENN WIR SO VIEL SCHADEN ANRICHTEN, WARUM TUT DANN KAUM JEMAND ETWAS DAGEGEN?

Wir wissen zwar, dass die Klimakrise ein Problem ist, verhalten uns aber nicht entsprechend. Die Aussicht, was mit unserer Welt passieren könnte, ist so unvorstellbar, dass wir lieber etwas anderes tun, etwa eine witzige Serie schauen, Computer spielen, uns mit Freunden treffen. Und die leben ja schließlich auch weiter wie bisher, fahren Auto, fliegen in den Urlaub, essen Fleisch aus Massentierhaltung. Warum solltest du da auf etwas verzichten? Richtig?

Psychologinnen nennen dieses Phänomen »Intentions-Verhaltens-Lücke« (intention-behaviour-gap).[4]

Wir wissen, was getan werden muss, verhalten uns aber nicht so, weil andere sich auch nicht so verhalten. Und wir wollen ja gern wie die anderen sein.

Dieses Phänomen lässt sich aber auch für den Umweltschutz nutzen. Je mehr Menschen vorangehen und umweltfreundlich leben (s. S. 145), umso mehr Menschen ziehen nach. Wenn du es tust, bist du nicht nur Teil derer, die die Welt retten, du motivierst auch andere. Wenn du nicht mehr fliegst, kein Fast Food und kein Fleisch mehr isst (oder zumindest weniger von all dem), dann fällt das irgendwann auch deinen Freunden auf. Vielleicht finden sie es seltsam. Vielleicht lachen sie auch. Aber wenn sie irgendwann (manchmal dauert das etwas) kapieren, worum es geht, machen sie mit.

Psychologen haben das bestätigt: Wir Menschen orientieren uns am Verhalten der anderen.[5] Wenn im Freundeskreis niemand raucht, habe ich selber auch weniger Lust dazu (Wer will schon allein mit der Kippe in der Hand vor der Tür stehen?). Wenn Freunde begeistert über ihren Urlaub in Alpen oder Harz erzählen, kann ich mit meiner Kreuzfahrt in die Karibik nicht mehr richtig punkten.

Umweltschutz muss also zur Selbstverständlichkeit werden.

Die Folgen

Du merkst es schon: Alles, was wir tun, hat mehr oder weniger starke Auswirkungen auf die Umwelt, auf Pflanzen, Tiere und das Klima. Im Moment belasten und zerstören wir unseren Planeten mit unserem Verhalten also auf vielfältige Weise. Genauso vielfältig sind die Folgen:

- Wird die Erde wärmer, erwärmen sich auch die Gewässer und mehr Wasserdampf steigt auf. Der wirkt ebenfalls wie ein Treibhausgas und verstärkt den Treibhauseffekt zusätzlich. Dazu kommt ein weiteres Problem: Wärmere Luft kann mehr Feuchtigkeit aufnehmen, die irgendwo wieder abregnen muss. So kommt es häufiger zu Unwettern und Sturmfluten.[1] Nasse Böden wiederum können klimaschädliche Gase wie Methan schlechter speichern.[2] Andere Gebiete, aus denen der Wasserdampf in Form von Wolken weggeweht wurde, trocknen dagegen aus.
- Die Erde wird nicht in allen Gebieten gleichmäßig wärmer, besonders schnell steigen die Temperaturen an den Polen. Die Eisfläche am Nordpol ist bereits um die Hälfte geschrumpft und könnte in ein paar Jahrzehnten im Sommer völlig auftauen. Wenn das helle Eis schwindet, das Sonnenstrahlen reflektieren kann, heizt das die Er-

derwärmung weiter an. Denn die dunklen Ozeane nehmen die Sonnenenergie auf und werden noch wärmer. Dieser Vorgang nennt sich »Rückkopplung«. Außerdem steigt durch das Schmelzwasser der Meeresspiegel, in den vergangenen 100 Jahren bereits um 20 Zentimeter.[3] Inseln im Pazifik könnten allmählich vom Meer verschlungen werden, weil sie selber kaum höher sind als der Meeresspiegel.

- Insgesamt regnet es immer weniger. 2018 gab es in Deutschland eine regelrechte Dürre. Die Böden waren ausgetrocknet, im Oktober fiel nur halb so viel Regen wie sonst.[4] Trockene und ausgemergelte Pflanzen fangen leicht Feuer. Im Juni 2019 erlebten die Menschen in Mecklenburg-Vorpommern die schlimmsten Waldbrände in der Geschichte des Landes. Im August 2019 loderte der brasilianische Regenwald, ausgelöst wahrscheinlich durch illegale Abholzung und Brandrodung.[5] Auch die Arktis brannte. Am nördlichen Polarkreis standen mehr als 100000 Hektar Torf in Flammen. Es könnte der größte Brand sein, den die Erde je gesehen hat.[6]

- Bäume, die wir eigentlich dringend brauchen, sind durch Wassermangel, Dürre, Luftverschmutzung und die Überdüngung angrenzender Felder geschwächt. Der Bund für Umwelt und Naturschutz Deutschland (BUND) warnt deswegen vor einem neuen Waldsterben[7], schlimmer als das, was wir in den 1980er- und 90er-Jahren erlebt und durch bessere Schadstofffilter in Kohlekraftwerken, Fabriken und Autos bekämpft haben.
- Die Früchte von Pflanzen, die viel CO_2 ausgesetzt sind, haben weniger Nährstoffe. Nährstoffe, die schließlich auch uns fehlen, wenn wir diese Früchte essen.[8]
- Durch die zunehmende Wärme schmilzt auf Bergen jenes Eis, das sonst sogar im Sommer die Gipfel bedeckt. Dadurch wird der Berg gewissermaßen marode, Lawinen stürzen ins Tal, überrollen Bäume, Tiere und Menschen.
- Ein Viertel der Böden der Nordhalbkugel sind das ganze Jahr über gefroren. Diese Permafrostböden tauen nun allmählich auf. Das verstärkt die Klimakrise zusätzlich. Denn alle Lebewesen, die in den vergangenen Jahrmillionen dort gestorben sind, waren eingefroren. Wenn der Boden taut, fangen die Überreste von Pflanzen, Tieren und Menschen an zu verrotten – und setzen dabei neue

Treibhausgase frei.[9] Auch hochgefährliche Krankheitserreger, die lange als ausgerottet galten, haben im ewigen Eis überlebt, etwa die Spanische Grippe, die Pest oder auch Viren und Bakterien, die wir noch gar nicht kennen.[10]

- Trockenheit, Naturkatastrophen und der steigende Meeresspiegel zerstören nicht nur die Natur, sondern auch die Lebensgrundlage vieler Menschen. Die müssen ihre Heimat verlassen und woanders ein neues Leben aufbauen. Die Weltbank schätzt, dass 2050 etwa 140 Millionen Menschen wegen der Folgen der Klimakrise auf der Flucht sein werden.[11] Die Umweltorganisation Greenpeace rechnet sogar schon 2040 mit 200 Millionen Klimaflüchtlingen.[12]
- Je mehr CO_2 sich in der Luft befindet, desto mehr geht auch ins Wasser. Dort wird CO_2 zum Teil in Kohlensäure umgewandelt. In einem Glas sprudelndem Trinkwasser wirkt Kohlensäure erfrischend, im Meer dagegen wird das Wasser durch das CO_2 sauer. Die Schalen von Muscheln und Korallen bestehen zu einem großen Teil aus Kalk. Säure löst Kalk auf, die Schalen der Tiere werden also immer dünner. Winzige Algen, von denen sich viele Meerestiere – sogar manche Wale – ernähren, vermehren sich in saurem Wasser langsamer. Die Tiere, die von ihnen abhängig sind, müssen hungern.[13] Außerdem wird das Meerwasser durch die steigende Durchschnittstemperatur der Erde wärmer. Warmes Wasser enthält aber nicht mehr so viel Sauerstoff, den viele Meerestiere zum Leben brauchen.

- Die globale Erwärmung bringt damit empfindliche Ökosysteme ins Wanken. Denn Tiere und Pflanzen sind an ein bestimmtes Klima angepasst. Wenn sich das Klima ändert, könnten Tiere eigentlich in Gebiete wandern, in denen ihnen das Klima mehr zusagt. Da aber überall Städte, Straßen und Zäune den Weg versperren, geht das nicht. Heute ist doppelt so viel Fläche mit Städten bebaut wie noch 1992.[14] Drei Viertel der Erdoberfläche hat der Mensch verändert, 85 Prozent der Feuchtgebiete sind verschwunden. Wenn Tiere und Pflanzen sich nicht in passenderen Klimazonen ausbreiten können, sterben sie allmählich aus. In den Wäldern der Welt leben heute nur noch etwa halb so viele Tiere wie vor 50 Jahren. Etwa eine Million Pflanzen und Tiere gelten als vom Aussterben bedroht[15], etwa acht Millionen Tier- und Pflanzenarten gibt es nach Einschätzung des Weltbiodiversitätsrats IPBES überhaupt auf der Welt.[16] Jede zehnte Insektenart, zwei von fünf Amphibienarten, ein Drittel der riffbildenden Korallen und fast ein Drittel der Meeressäugetiere gilt als gefährdet.[17]

Vor allem im vergangenen Jahrhundert ist die Vielfalt der Arten um 20 Prozent zurückgegangen.[18] Die Größe natürlicher Ökosysteme ist auf die Hälfte geschrumpft.[19] Heute gibt es in Deutschland 75 Prozent weniger Insekten als vor rund 30 Jahren. Auch wenn sie beim Essen auf dem Balkon oder beim Picknick manchmal nerven, Hummeln, Bienen oder Wespen sind unverzichtbar zum Bestäuben von Pflanzen. Ohne diese Insekten wären die Regale im Supermarkt leer, mehr als die Hälfte der Produkte gäbe es dann nicht. Keine Äpfel, Schokolade, Tiefkühl-Pizzen, keine Deos, Haarspülungen und Kleidung[20], die auch pflanzliche Inhaltsstoffe enthalten. Und ohne Insekten fehlt Vögeln, Maulwürfen, Igeln und anderen Tieren die Nahrung, die werden also auch weniger. In den vergangenen 25 Jahren ist die Zahl insektenfressender Vögel in Europa um 13 Prozent gesunken.[21]

Die meisten Tierarten sind in einer Zeit verschwunden, als der Mensch immer mehr in die Natur eingegriffen hat und die Weltbevölkerung auf mehr als sieben Milliarden angewachsen ist. 2019 warnte die Geschäftsleitung des WWF Deutschland deswegen: »Was der Asteroideneinschlag für die Dinosaurier war, ist die Menschheit für die heute vorkommende Tier- und Pflanzenwelt.«[22] Fünf Mal wurde das Leben auf der Erde in den vergangenen 500 Millionen Jahren beinahe ausgelöscht, durch Vulkanausbrüche, extreme Eiszeiten oder einen Meteoriten. Heute stehen wir vor einem sechsten Massensterben[23] – ausgelöst von uns Menschen.

*

Inzwischen haben das mehr und mehr Menschen in Deutschland verstanden: Anfang 2017 war es nur gut jeder Dritte, zwei Jahre später machten sich fast doppelt so viele Menschen in Deutschland große Sorgen wegen der Klimakrise. Aber nicht einmal die Hälfte der Befragten ist der Meinung, dass wir weniger Auto fahren oder fliegen sollten, nur 40 Prozent sind für eine Geschwindigkeitsbegrenzung auf der Autobahn. Kein Wunder, wir wollen möglichst flexibel und unabhängig sein[24], niemand lässt sich gern in sein Leben reinreden – auch nicht für den Umweltschutz. Ihren Lebensstil einschränken wollen die wenigsten.[25] Dabei geht es hier um unsere Zukunft. Gerade junge Menschen, Eltern und Großeltern sollten sich eigentlich dafür interessieren.

Wenn Menschen sich nicht freiwillig um den Schutz unserer (Um-)Welt kümmern, muss die Politik eingreifen und die Menschen und Konzerne dazu motivieren oder sogar zwingen. Denn nur, wenn wir alle zusammenarbeiten, können wir es noch schaffen, unseren Planeten nicht noch weiter zu zerstören.

Um deutlich zu machen, wie ernst die Situation ist, bezeichnet der US-amerikanische Umweltaktivist Bill McKibben die Klimakrise als Dritten Weltkrieg, also als eine enorme Bedrohung für uns Menschen. Und so wie sich vor rund 80 Jahren mehrere Staaten und unzählige Bürger im Zweiten Weltkrieg gegen Nazi-Deutschland zusammengeschlossen haben, so sollten heute die Menschen der ganzen Welt zusammenarbeiten, um die Klimakrise einzudämmen.[26] Und so wie damals alle politischen Entscheidungen, alle wichtigen Wirtschaftszweige und alle Menschen dem gemeinsamen Ziel, Nazi-Deutschland zu besiegen, dienen mussten, so müssten Politik, Wirtschaft und wir alle uns heute immer wieder fragen: Ist das, was wir tun, gut für den Planeten? Und motiviert es andere, ebenfalls die Umwelt zu schützen?

Wenn wir als Menschheit überleben wollen, müssen wir etwas ändern. Und zwar sofort. Einige kluge Ansätze gibt es schon.

TEIL 2 –
WAS WIR BISHER TUN
(IST NICHT GENUG)

Da muss die Politik ran

Es klingt oft wie eine Ausrede, wenn Menschen sagen: »Da muss die Politik was machen!« Da ist aber auch etwas dran. Denn wie sollst du auf Auto und Flugzeug verzichten, wenn in vielen Dörfern kaum ein Bus fährt und der Bahnverkehr schlecht ausgebaut ist? Wie sollst du Müll vermeiden, wenn jedes Produkt, von der Gurke bis zur Winterjacke, in Plastik gehüllt ist? Hier sind natürlich auch die Hersteller gefragt. Aber fangen wir mit den Aufgaben der Politik an.

Politikerinnen bestimmen, was Bürger und Unternehmen im Land tun dürfen – oder vor allem, was sie nicht tun dürfen. Sie entscheiden, wofür Steuereinnahmen verwendet werden, für Kindergärten und Schulen, Krankenhäuser und Freibäder, Straßen und Stromtrassen, Windräder und Braunkohlekraftwerke, Naturschutzgebiete und Stadtreinigung. Politiker steuern, was im Land gefördert, geschützt und erlaubt wird. Bei all ihren Entscheidungen sollten Politikerinnen das Wohl aller Bürger – nicht nur ihrer Wähler – im Sinn haben, also auch das Wohl derer, die nicht wählen dürfen (etwa Minderjährige), nicht wählen können (Tiere und Natur) oder nicht wählen wollen, aber dennoch von politischen Entscheidungen betroffen sind.

Das Wohl aller haben sie aber nicht immer im Blick.

Politiker im Nebenjob?

Politiker sind nämlich oft nicht nur Politiker, sondern haben auch andere Berufe oder Ämter inne, für die sie Geld bekommen. Das ist dann ein Problem, wenn sich ihre politischen Aufgaben mit denen ihres anderen Jobs überschneiden, wenn etwa eine Verkehrsministerin auch im Aufsichtsrat eines Autoherstellers sitzt oder ein Gesundheitsminister Honorare von einem Arzneimittelhersteller bekommt. Denn wie soll eine Politikerin unabhängige Entscheidungen zum Wohl aller Bürgerinnen treffen, wenn sie damit ihren anderen Arbeitgeber verärgern könnte?

CDU/CSU- und FDP-Politiker führen die Liste der Nebeneinkünfte an[1], unter anderem gezahlt von Energieversorgern und der Autoindustrie. Vielleicht ist es da nicht verwunderlich, dass die CDU, die in Deutschland seit 2005 Regierungspartei ist (meistens in Koalition mit der SPD), sich immer wieder gegen Maßnahmen für den Klimaschutz stellt. 2019 sprach sie sich zum Beispiel gegen eine CO_2-Steuer aus (s. S. 104).[2] Auch das Klimapaket der Großen Koalition aus CDU und SPD wurde im Herbst 2019 heftig kritisiert. Es schütze die Umwelt nur halbherzig.

Wenn Politiker nur für Bereiche zuständig sein dürften und nur zu Abstimmungen zugelassen wären, die nichts mit ihren Nebenjobs zu tun haben, wäre es einfacher. Aber diese Regelung gibt es nicht, sie wäre auch schwer umsetzbar. Die Transparenzinitiative Abgeordnetenwatch fordert daher, dass wenigstens die Nebeneinkünfte von Abgeordneten und ihre Geldgeber offengelegt werden.[3] Völlig zu Recht ist es zum Beispiel unter Journalisten verpönt, über ein Thema (etwa erneuerbare Energien) Artikel zu schreiben und gleichzeitig Öffentlichkeitsarbeit für ein Unternehmen in diesem Bereich zu machen (etwa Hersteller von Solarpanels).

Strippenzieher im Hintergrund

Außerdem nehmen Unternehmen, Organisationen, Gewerkschaften und andere Gruppen ganz direkt Einfluss auf die Politik und die Gesetzgebung. Sie bezahlen Lobbyisten, die Politikerinnen beraten und Fachwissen aus ihrer Branche weitergeben sollen. Wie unabhängig ihre Beratung ist, können Politiker allerdings nicht wissen. Lobbyisten von Chemiefirmen werben zum Beispiel dafür, dass ein starkes Pestizid wie Glyphosat weiter verwendet werden darf, Autoverbände argumentieren gegen ein Dieselfahrverbot, Umweltverbände erklären, warum der Kohleausstieg so wichtig ist. Natürlich hat in einer Demokratie jeder Mensch und jede Gruppe das Recht, für ihre Interessen zu kämpfen und zu versuchen, Politikerinnen von ihren Anliegen zu überzeugen. Die Möglichkeiten, Lobbyismus zu betreiben und den gewünschten Erfolg zu erzielen, sind allerdings sehr ungleich verteilt, weil große Vereine und Branchenverbände natürlich mehr Geld und Möglichkeiten haben, Politiker zu beeinflussen, als kleine Organisationen und Einzelpersonen.

Außerdem erhalten manche Politiker nach ihrer Politiklaufbahn gut bezahlte (Lobbyisten-)Jobs bei Unternehmen. Da ist nicht auszuschließen, dass ein Politiker solch einen Job versprochen bekommt, wenn er im Sinne der Branche Politik macht.

Der gemeinnützige Verein LobbyControl fordert deswegen, dass Politiker nach ihrem Ausscheiden aus der Politik drei Jahre warten müssen, bis sie einen Job als Lobbyist annehmen.[4] Außerdem fordern sie ein Register, in dem Lobbyisten angeben müssen, für wen sie arbeiten und zu welchem Thema sie in der Politik Einfluss zu nehmen versuchen.[5]

Politiker entscheiden also aus verschiedenen Gründen nicht immer zum Wohl ihrer Wählerinnen und schon gar nicht zum Wohle der Umwelt, die sich gegen politische Entscheidungen nicht wehren kann. Umso wichtiger ist es, dass wir Politikerinnen wählen, die den Umweltschutz ernst nehmen (s. S. 200).

Was die Politik tun kann

Politiker haben verschiedene Möglichkeiten, Bürgerinnen und Unternehmen zu umweltfreundlichem Verhalten zu motivieren – oder zu zwingen. Sie können Gesetze erlassen, die Grenzwerte für Schadstoffe festlegen (etwa für Nitrat im Boden oder Feinstaub in der Luft) oder umweltschädliches Verhalten (wie den Kohleabbau oder die Überdüngung der Felder) und Waren (etwa spritfressende Autos oder Produkte mit Palmöl) verbieten.

Motivieren und fördern

Eine machtvolle politische Möglichkeit, um Bürgerinnen und Unternehmen zu umweltfreundlichem Verhalten zu motivieren – statt zu zwingen – sind Steuern und Subventionen. 1999 wurde zum Beispiel die Ökosteuer vor allem auf Benzin eingeführt, Autofahren wurde teurer, die Menschen sollten dadurch weniger fahren. Seit 2009 richtet sich die Kfz-Steuer auch nach dem CO_2-Ausstoß eines Autos.[1] Weil Benzin insgesamt und die Steuer für schädlichere Autos teurer wurden, waren die Autohersteller motiviert, spritsparende Fahrzeuge zu entwickeln.

Subventionen sind Geld, das der Staat an Firmen – oder

Einzelpersonen – zahlt, um bestimmte Wirtschaftsbereiche, Produkte oder Herstellungsarten zu fördern. Dazu gehören auch Steuervergünstigungen.[2] Dabei werden aber umweltschädliche Wirtschaftsbereiche (z. B. der Abbau von Braunkohle) noch immer stärker gefördert als Unternehmen und Produkte, die sorgsam mit der Umwelt umgehen. Steuerzahler, also alle Menschen, die in Deutschland arbeiten oder etwas kaufen, zahlen damit doppelt. Sie zahlen mit ihren Steuern für die Subventionen und später noch einmal für die Beseitigung der Schäden in der Natur oder die Behandlung von Krankheiten.[3]

Wie Umweltverschmutzung belohnt wird

Mehr als 50 Milliarden Euro gibt der Staat jedes Jahr aus[4], um Wirtschaftsbereiche zu fördern, die der Natur und damit auch den Menschen schaden. Dazu gehören etwa:

- Energie: Mehr als ein Drittel der Subventionen und Steuervergünstigungen fließen in die Bereitstellung von Strom und Wärme. Der Staat fördert zum Beispiel den Abbau von Kohle. Und Fabriken zahlen weniger Energiesteuer. Dadurch haben sie aber auch weniger Grund, bei der Produktion Strom zu sparen.
- Verkehr: Die Hälfte der Subventionen, durch die Umweltschäden begünstigt werden, zahlt der Staat für den Verkehr. 12 Milliarden Euro allein für die Förderung des Flugverkehrs, zum Beispiel indem Kerosin nicht besteuert wird und internationale Flüge von der Mehrwertsteuer befreit sind. Obwohl sie großen Schaden

anrichten, sind Flüge dadurch relativ günstig, günstiger sogar als die Reise mit einem umweltfreundlicheren Verkehrsmittel wie der Bahn.[5] Menschen fliegen also eher, als dass sie weitere Strecken mit der Bahn fahren.

Autofahrer zahlen auf Diesel weniger Steuern als auf Benzin, deswegen ist Diesel an der Tankstelle billiger. Damit wollte die Regierung in den 1990er-Jahren ursprünglich Speditionen helfen, die mit LKW Waren über den Kontinent transportieren. Damals gab es kaum Diesel-PKW. Weil der Treibstoff günstiger war, produzierten die Hersteller aber bald mehr Diesel-Autos, heute fährt jeder dritte PKW mit Diesel.[6]

- Land- und Forstwirtschaft: Drei Viertel der Subventionen in der Landwirtschaft werden abhängig von der Anbaufläche vergeben, gehen also vor allem an die großen Betriebe.[7] Stattdessen könnten Subventionen an jene Betriebe vergeben werden, die sich gut um ihre Tiere kümmern und auf Umweltschutz achten. Auch der ermäßigte Mehrwertsteuersatz für viele Lebensmittel ist eine Art Subvention. Fleisch- und Milchprodukte sind dadurch günstiger, für sie zahlt man nur sieben Prozent Mehrwertsteuer statt 19. Wenn Produkte billig sind, kaufen Menschen sie eher, auch wenn sie umweltschädlich hergestellt wurden.[8]

Subventionen für umweltschädliche Wirtschaftsbereiche behindern Sparsamkeit und Innovation. Warum sollte man dieselsparende Autos entwickeln, wenn Diesel so günstig ist? Warum Strom bei der Herstellung von Produkten sparen, wenn er so wenig kostet?

Der Staat könnte in einem radikalen Schritt alle Subventionen für umweltschädliche Produktionen streichen und das Geld stattdessen in den Ausbau des öffentlichen Verkehrs, in erneuerbare Energien oder die biologische Landwirtschaft stecken. Das fordert auch das sogenannte Kyoto-Protokoll.[9]

Wie Staaten zusammenarbeiten

Im japanischen Kyoto einigten sich die Industrieländer 1997 zum ersten Mal auf ein rechtlich verbindliches Klimaabkommen, das sogenannte Kyoto-Protokoll. Acht Jahre später trat es in Kraft, 191 Staaten hatten zugesagt, sich an die Vorgaben des Protokolls zu halten und zum Beispiel die Emissionen der wichtigsten Treibhausgase – CO_2, Methan, Fluorchlorkohlenwasserstoffe (FCKW) – um fünf Prozent gegenüber den Werten von 1990 zu senken. Die USA und seit 2013 auch Kanada sind die einzigen Industrieländer, die das Protokoll ablehnen. Und die Zeit läuft uns davon.

Dass unsere Lebensweise den Planeten gefährdet, wissen wir schon lange.

Sehr lange.

Am 17. Juli 1912 erschien in einer Zeitung im Südwesten Australiens eine winzige Randnotiz. Zwischen der Ankündigung, dass auf dem Marktplatz eine Maschine zum Seilhüpfen aufgebaut wurde, und der Nachricht, dass zwischen dem Kaspischen und dem Schwarzen Meer ein Tunnel gebaut werden könnte, bringt die Braidwood Dispatch diese kleine Meldung: »Die Feuerungsanlagen der Welt verbrennen inzwischen zwei Milliarden Tonnen Kohle jedes

Jahr. Wenn sie verbrannt wird und mit Sauerstoff reagiert, werden jährlich sieben Milliarden Tonnen CO_2 in die Atmosphäre ausgestoßen. Das scheint die Luft zu einer effektiveren Decke für die Erde zu machen und die Temperatur zu erhöhen. Dieser Effekt könnte in kommenden Jahrhunderten noch von Bedeutung sein.«[1]

Wer auch immer diese Nachricht vor mehr als einhundert Jahren geschrieben hat – sie hatte recht. Als ein paar Jahrzehnte später Satelliten in die Erdumlaufbahn geschossen wurden und begannen, die Temperatur aufzuzeichnen, stellten Wissenschaftler 1979 fest: Wenn das so weitergeht, könnte sich die Erde um mehr als vier Grad erwärmen – und schuld daran sind wir Menschen.

Es sollte noch mehr als ein Jahrzehnt dauern, bis Politiker die Klimakrise auf ihre Agenda setzten. 1992 unterzeichneten die Vereinten Nationen eine »Klimarahmenkonvention«. Die Industrieländer verpflichteten sich dazu, weniger Treibhausgasemissionen zu verursachen, die Maßnahmen waren aber freiwillig, rechtliche Konsequenzen gab es nicht.[2]

Zwanzig Jahre später hatte sich der Ausstoß von Treibhausgasen verzehnfacht.[3]

Nach der Klimarahmenkonvention und dem Kyoto-Protokoll folgten weitere Konferenzen, weitere Debatten und Verpflichtungen, weitere Warnungen renommierter Wissenschaftlerinnen, dass endlich gehandelt werden müsse. Statt verbindliche Maßnahmen zu ergreifen, bremsten gerade große Nationen wie die USA, Russland und China die Verhandlungen aus, wichtige Entscheidungen wurden vertagt. Und immer wieder flogen Politiker um die halbe Welt, um über den Schutz unseres Klimas und die Zukunft des Planeten zu verhandeln. 2015 einigten sich endlich 195 Staaten darauf, die Erderwärmung möglichst auf 1,5 Grad zu begrenzen – oder besser, sich um eine Begrenzung zu »bemühen«[4]. Industrieländer sollen Entwicklungsländern dabei helfen, ihre Klimaschutzziele zu erreichen. Allerdings reichen die Klimaschutzpläne, die die Staaten seither vorgelegt haben, nicht aus, um den Temperaturanstieg auf unter zwei Grad zu halten. Selbst wenn sich alle Länder an die Pariser Vereinbarungen halten, wird die Temperatur bis 2100 voraussichtlich um 3,5 Grad ansteigen.[5] Und wieder wollen die USA, zweitgrößter Verursacher der weltweiten Emissionen, aus einem Klimaschutzabkommen austreten, 2017 kündigten sie den Austritt aus dem Pariser Abkommen für November 2020 an.[6] Auch Brasilien, auf dessen Gebiet gewaltige Regenwälder liegen (und gerodet werden), plant den Ausstieg.

Im Winter 2018 kamen wieder Regierungschefs von fast 200 Ländern für den nächsten Weltklimagipfel im polnischen Katowice zusammen. Sie einigten sich darauf, nun regelmäßig Rechenschaft darüber abzulegen, was sie tun, um ihre Emissionen zu senken, und ob diese Maßnahmen auch etwas bringen. Die UNO soll außerdem regelmäßig dokumentieren, ob die Staaten ihre Ziele erreichen.[7] Konsequenzen gibt es aber nicht, wenn ein Staat seine Klimaziele nicht erreicht. Die Ziele für 2020 hat Deutschland nicht geschafft. Statt 40 Prozent weniger Treibhausgase im Vergleich mit 1990 haben wir nur gut 30 Prozent weniger Emissionen verursacht. Bis 2030 sollen in Deutschland 55 Prozent weniger Treibhausgase ausgestoßen werden[8], bis 2050 sollen wir klimaneutral werden.[9]

Im Moment halten sich nur wenige Länder an die Vorgaben, um die Erwärmung auf zwei Grad zu begrenzen (was auch noch zu viel ist, s. S. 27): Bhutan, Costa Rica, Äthiopien, Marokko, Gambia, die Philippinen und Indien. Europa ist eher auf dem Weg zu drei Grad.[10]

Seit dem Pariser Abkommen ist also noch nicht genug passiert, um den Treibhausgasausstoß zu senken. Es wird Zeit, radikal zu handeln.

ABER

DASS SICH ALLE STAATEN EINIGEN, UM DIE WELT ZU RETTEN, KLAPPT DOCH NIE!

Doch.

Vielleicht fragst du dich, ob das überhaupt funktionieren kann, dass sich alle Länder dieser Erde zusammenschließen, um so etwas Unsichtbares und Kompliziertes wie das Klima zu retten. Schließlich schaffen es viele Nationen nicht einmal, sichtbare Probleme friedlich zu lösen.

Doch es kann funktionieren. Und das hat es auch schon – damals ging es um die Ozonschicht:

Fluorchlorkohlenwasserstoffe (FCKW) waren eigentlich eine tolle Erfindung. Als Treibgas in Spraydosen, Kühlgas in Eisschränken, zum Aufschäumen von Kunststoffen und Reinigen von Werkstoffen. Doch schon 1974 warnten Wissenschaftler davor, dass FCKW unter Sonneneinstrahlung die Ozonschicht zerstörte, die die Erde vor zu hoher UV-Einstrahlung schützt. (Deswegen bekommen Menschen in Australien, wo die Ozonschicht noch immer besonders angegriffen ist, eher Hautkrebs.) Zum ersten Mal hatten die Menschen das Ökosystem Erde spürbar gestört. Die Warnung der Wissenschaftler wurde zunächst kaum ernst genommen[11], schließlich war FCKW so praktisch und brachte viel Geld ein. Erst als immer mehr Menschen von der Gefahr wussten und aufhörten, Spraydosen mit FCKW zu kaufen, zogen die Hersteller nach und warben mit FCKW-freien Produkten. Nun reagierte auch die Politik. Am 16. September 1987 unterzeichneten Vertreter von 24 Staaten und die Europäische Gemeinschaft (heute EU) ein Abkommen, das sogenannte Montrealer Protokoll[12], das den Einsatz von FCKW verbot. Heute haben 197 Länder der Erde die Vereinbarungen unterschrieben. Und das Ozonloch wird langsam kleiner.[13]

Allerdings produzieren immer noch vereinzelte Hersteller auf der Welt ozonschädigende Gase. Im Oktober 2016 wurde das Montrealer Protokoll deswegen auf weitere klimaschädliche Stoffe ausgeweitet, die teilfluorierten Kohlenwasserstoffe (HFKW).

Es ist also möglich, dass alle Länder auf ein Ziel hinarbeiten, dass Regierungen mit Gesetzen in die Wirtschaft eingreifen und einfach verbieten, was uns allen schadet.

Das müssen sie nun wieder tun. Auch für die Ozonschicht. Denn als Folge der Klimakrise könnte das Ozonloch wieder aufreißen. Und zwar über der Arktis, also auf der nördlichen Halbkugel, wo die Auswirkungen dann auch Deutschland erreichen – und die schädlichen Sonnenstrahlen, die in Australien vermehrt Hautkrebs verursachen, auch bei uns durchdringen. Denn weit oben in der Atmosphäre lassen die Treibhausgase, die der Mensch ausstößt, die Luftschichten abkühlen. Das wiederum führt über chemische Reaktionen dazu, dass die Ozonschicht abgebaut wird. Im Frühjahr 2011 entstand dadurch zum ersten Mal ein Loch in der Ozonschicht über der Arktis und dehnte sich über Zentralasien aus.[14]

Energie – Woher unser Strom kommt

Zugegeben, bei der Stromerzeugung ist in Deutschland schon einiges passiert. Im Jahr 2000 wurde das Erneuerbare-Energien-Gesetz erlassen. Das legt fest, dass jeder einen bestimmten Betrag zusätzlich zum Strompreis zahlen muss (»EEG-Umlage«). Von diesem Geld wird die Entwicklung und Bereitstellung von erneuerbaren Energien gefördert. Der Anteil erneuerbarer Energien an der Stromerzeugung ist dadurch von sechs Prozent im Jahr 2000 auf 38 Prozent in 2018[1] gestiegen. Rechnet man die Energie zusammen, die für Strom, Wärme und Verkehr nötig ist, liegt der Anteil aber nur bei 17 Prozent. Der Anteil von Atomstrom hat sich in diesem Zeitraum mehr als halbiert, auf 12 Prozent.[2] 2022 sollen die letzten Atomkraftwerke abgeschaltet werden.[3]

Das reicht aber noch nicht.

Der Kohleausstieg ist in Deutschland erst für 2038 geplant.[4] Laut einer Studie aus dem Jahr 2017 müssten aber in der ganzen EU die Kohlekraftwerke bis 2031 abgeschaltet sein, um die Klimaziele von Paris einhalten zu können.[5] Der Strom soll dann nicht mehr aus Kohle oder Atomkraft gewonnen, sondern mit Windrädern, Solaranlagen, Wasserkraft, Erdwärme und Biogas erzeugt werden. Wenn wir die Klimaziele einhalten wollen, müssten bis 2050 bis zu 85 Prozent des weltweiten Stromverbrauchs aus erneuerbaren Energien gewonnen werden.[6] Und die Kohle muss endlich in der Erde bleiben.

Die Aktivisten von #FridaysForFuture stellen noch radikalere Forderungen: Sie wollen, dass schon bis Ende 2019 ein Viertel aller Kohlekraftwerke in Deutschland abgeschaltet und möglichst schnell eine CO_2-Steuer eingeführt wird (s. S. 106). Sie verlangen außerdem 100 Prozent erneuerbare Energien und Klimaneutralität (»nettonull«) bis 2035. Zehntausende Wissenschaftlerinnen unterstützen diese Forderungen.[7]

Das Problem beim Kohleausstieg: Noch wird unser Strombedarf nicht komplett und zuverlässig aus erneuerbaren Energiequellen gedeckt. Wenn nun wenig Wind weht und die Sonne nicht scheint, gibt es kaum Strom aus erneuerbaren Quellen. Dann bleibt nur noch Strom aus Gas-, Kohle- oder Atomkraft, sonst sitzen wir im Dunkeln. Und das will natürlich niemand. Was wir brauchen, sind bessere Energiespeicher, also quasi Akkus, die den Strom an sonnigen und windreichen Tagen speichern und dann wieder abgeben, wenn die Windräder stillstehen. Zum Teil fehlt es also noch an der Technik, die nötig ist, um ein Land wie Deutschland auch ohne Kohle und Atomkraft zuverlässig mit Strom zu versorgen.

Wenn dagegen die Sonne scheint und der Wind weht, wird zwar viel Strom aus erneuerbaren Energien gewonnen, die klimaschädlichen Kohlekraftwerke fahren ihre Produktion dann aber nicht herunter. Sie produzieren stattdessen überschüssigen Strom, der günstig ins Ausland verkauft wird.[8] Und das ist auch nicht Sinn der Energiewende.

Bei der Energiewende reden außerdem einige mit, die sie eher behindern als fördern: Neben manchen Politikern vor allem die Energieerzeuger, die hauptsächlich mit Kohle und Gas ihr Geld verdienen. Außerdem Bürger, die keine Starkstrommasten oder Windräder vor ihrer Haustür oder in der Landschaft haben wollen.

Insgesamt ist die Energiewende eher gut gemeint als gut gemacht: Stromverbrauch und CO_2-Ausstoß sinken zu langsam. Solar- und Bioenergie werden nicht genug ausgebaut. Unmöglich ist die Energiewende trotzdem nicht. Für eine Studie haben US-amerikanische und dänische Forscher ausgerechnet: Es ist möglich, die Welt mit ausreichend Strom aus Wind, Wasserkraft und Sonnenenergie zu versorgen. Das wäre sogar günstiger als unsere jetzige Energieversorgung.[9] Wir müssen erneuerbare Energien nur konsequenter ausbauen.

Und Strom sparen. Denn auch erneuerbare Energien schaden der Umwelt. Wo Wasser gestaut wird, um Wasserkraftwerke zu betreiben, werden Tiere vertrieben, Menschen umgesiedelt und Täler geflutet. Für Windräder müssen tonnenschwere Betonklötze in den (Meeres-)Boden gerammt werden. Um Solarpanels und Windkraftanlagen zu bauen, werden Eisenerz, Kupfer, seltene Erden und andere Rohstoffe gebraucht, die oft umweltschädlich und mit hohem Wasserverbrauch abgebaut werden.[10]

ABER

DAS MACHT ARBEITSPLÄTZE KAPUTT!

Stimmt.

Wenn Kohlekraftwerke geschlossen oder Autos mit Verbrennungsmotoren verboten werden, verlieren die Menschen, die in diesen Bereichen arbeiten, ihren Job. Mit diesem Argument wehren sich manche Menschen gegen solche Maßnahmen.

Aber: Hätte dieses Argument schon immer gegolten, dann würden heute noch Pferde Kutschen durch die Straßen ziehen, damit Kutscher und Stallburschen ihre Arbeit nicht verlieren. Die Welt entwickelt sich aber weiter. In der Kohleindustrie sind noch rund 70 000 Menschen beschäftigt, im Bereich der erneuerbaren Energien arbeiten 300 000 Menschen.[11]

Den Arbeitsplatz zu verlieren heißt nicht automatisch arbeitslos zu werden. Denn es entstehen natürlich neue Jobs in der Fertigung von Solaranlagen oder Windrädern, in der Produktion von umweltfreundlichen Fahrzeugen. Doch wer keinen neuen Job findet, dem muss natürlich geholfen werden. Dafür nimmt die Regierung Geld in die Hand. Um den Kohleausstieg für jene Regionen, die vom Kohleabbau leben, erträglicher zu machen, werden in den kommenden 20 Jahren bis zu 40 Milliarden Euro an die betroffenen Bundesländer verteilt.[12]

Verkehr – Wohin wir unterwegs sind

Fliegen ist unheimlich umweltschädlich, doch wer weit weg verreisen will, kommt um einen Flug kaum herum. Was aber vermieden – und verboten – werden könnte, sind Flüge über kurze Entfernungen, etwa von Hamburg nach München oder von Berlin nach Paris. Über kurze Entfernungen ist man mit dem Flugzeug nicht einmal viel schneller als mit der Bahn. Wer von Hamburg eine halbe Stunde zum Flughafen fährt, dort eine Stunde vor Abflug da sein muss, knapp anderthalb Stunden nach München fliegt und dann noch mal eine Stunde vom Flughafen in die Stadt fährt, ist mit dem ICE nur zwei Stunden länger unterwegs, muss dafür aber nirgendwo umsteigen und Schlange stehen. Und die Fahrt mit der Bahn würde 80 Prozent weniger CO_2-Ausstoß verursachen (noch umweltfreundlicher sind Züge, die nur mit Ökostrom fahren).

Wenn die Reise mit dem Zug aber mehr als dreimal so teuer ist wie mit dem Flugzeug, warum sollte man dann Bahn fahren? Würden Staaten den Flugverkehr nicht mit Steuererleichterungen fördern und Flughäfen subventionieren, dann wären Flugtickets teurer. Und wir führen mehr Bahn.

Wie wir umweltfreundlicher fahren könnten

Beim Thema Bahn sind aber gerade Vielfahrer schnell genervt. Denn die Deutsche Bahn ist nicht für ihre Zuverlässigkeit bekannt. Knapp ein Viertel aller Fernverkehrszüge sind fünf Minuten verspätet, Reisende verpassen dadurch oft Anschlusszüge an Regionalbahnen und verspäten sich noch mehr.[1] Unzählige Menschen auf dem Land kommen ohne Auto kaum aus ihrem Dorf heraus, Busse fahren selten oder gar nicht, Bahnhöfe werden eher geschlossen als ausgebaut. Auch hier muss also noch einiges getan werden, wenn Menschen in Deutschland weniger Auto fahren sollen. Auf innereuropäische oder innerdeutsche Flüge könnten Menschen zum Beispiel leichter verzichten, wenn sie mit der Bahn auch bequem und zuverlässig reisen können. Eine lange Bahnfahrt wäre zum Beispiel über Nacht gut möglich. Einsteigen, einschlafen, ankommen. Bequeme Nachtzüge mit Betten oder Liegen gibt es aber bei der Deutschen Bahn gar nicht mehr.

Außerdem müssten öffentliche Verkehrsmittel deutlich günstiger oder sogar kostenlos sein. Solange zwei oder mehr Erwachsene für eine Bahnfahrt mehr zahlen als für die gleiche Strecke mit dem Auto, werden wohl kaum Menschen auf die Bahn umsteigen.

Zumindest gratis *Nah*verkehr wäre möglich. Dazu gibt es verschiedene Ideen. Zum Beispiel könnte genauso wie bei der GEZ jeder Bewohner der Stadt den gleichen Beitrag zahlen, egal wie oft er Bus und S-Bahn fährt. Dabei würden allerdings wieder die übermäßig belastet, die wenig Geld haben. Die aber könnten von den Kosten befreit werden,

Kinder zahlen nichts, Azubis, Studenten oder Schwerbehinderte zahlen weniger. Die Kommune könnte auch eine Gebühr von allen Unternehmen verlangen, die ans Streckennetz angeschlossen sind und somit auch davon profitieren. Oder die Stadt verlangt zusätzliche Abgaben von allen Autofahrern[2] und erhöht die Parkgebühren stark.

In der estnischen Hauptstadt Tallinn ist der Nahverkehr schon seit 2013 für die Einwohner gratis. Einzelne Fahrstreifen sind für Busse reserviert, Ampeln springen für Busse und Bahn sofort auf Grün. Allerdings sind dort auch nach fünf Jahren kaum Autofahrer auf Bus und Bahn umgestiegen, die Schadstoffe in der Luft haben sich kaum verringert.[3] Autofahren ist leider bequemer.

Autos raus!

Gleichzeitig müsste also das Autofahren unattraktiver werden, wenn mehr Menschen auf öffentliche Verkehrsmittel umsteigen sollen. In Städten, wo die Luft ja besonders oft nach Abgasen riecht, könnten autofreie Zonen eingerichtet werden. In Basel funktioniert das teilweise. Hier ist die Innenstadt seit 2015 tagsüber weitgehend autofrei.[4] Besonders umweltschädliche Autos sollten außerdem komplett aus Städten verbannt (oder gleich ganz verboten) werden. Ein paar halbherzige Fahrverbote wurden in wenigen Städten, etwa in Hamburg und Stuttgart, bereits umgesetzt. In Hamburg gilt das Dieselfahrverbot allerdings nur für einen längeren Straßenabschnitt, Dieselfahrzeuge können diesen Abschnitt also umfahren und belasten damit andere

Bereiche der Stadt.[5] In Stuttgart gilt das Fahrverbot nur für Autos bis Schadstoffnorm 4.[6] In Madrid dürfen seit Ende 2018[7] nur noch Anwohner, Elektrofahrzeuge und Autos mit spezieller Genehmigung in die Innenstadt fahren, so ist immerhin ein Viertel weniger Autos in der Innenstadt unterwegs. Die Belastung durch Stickoxide hat sich seitdem fast halbiert.[8] Sogar in anderen Teilen der Stadt ging die Schadstoffbelastung in der Luft zurück, weil die Menschen insgesamt weniger Auto fuhren. In London sind Autos zwar weiterhin erlaubt, Fahrer mit alten – und damit meist umweltschädlicheren – Autos müssen aber eine Gebühr von rund 14,50 Euro pro Tag zahlen.[9]

Gerade in Städten könnten sich körperlich gesunde Menschen auch aus eigener Kraft recht schnell fortbewegen, nämlich auf dem Fahrrad. Wer viel Gepäck hat, nimmt ein Lastenrad. Die sind aber sehr teuer, Städte könnten also Lastenräder (und Fahrräder) günstig zum Mieten anbieten, einige (Groß-)Städte machen das schon. Damit Radfahren attraktiver und sicherer wird, müssten in vielen Städten die Radwege deutlich ausgebaut werden. Sogenannte Radschnellwege oder Velorouten gibt es zwar schon in manchen Orten und auch zwischen Städten, aber noch lange nicht genug. Als Vorbild für eine fahrradfreundliche Stadt gilt Kopenhagen. Die Fahrradwege sind breit und gut geteert, sodass Radfahrer schnell und ohne Unebenheiten fahren können, die Ampeln sind so geschaltet, dass man mit angenehmen 20 km/h immer bei Grün fährt. Hier gibt es sogar eine Art Fahrradautobahn, deren Boden nachts orangefarben leuchtet.[10] 40 Prozent der Kopenhagener fahren deswegen eher mit dem Fahrrad als mit dem Auto. Die Stadt will übrigens schon 2025 klimaneutral sein.

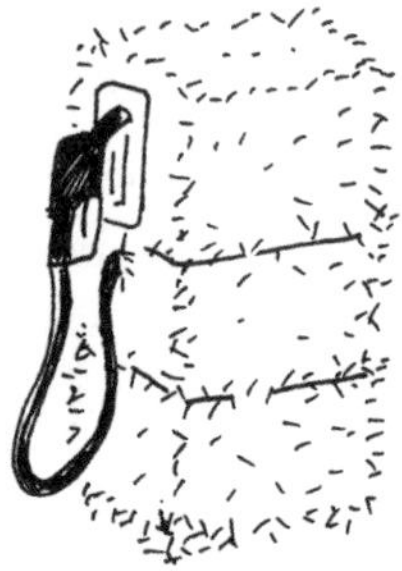

Natürlich kann und will nicht jeder Rad fahren, alte und kranke Menschen kommen auch nicht so leicht zu Bus und Bahn und haben für das Taxi selten genug Geld. Für sie muss es andere Möglichkeiten geben als ein Auto, das mit Benzin oder Diesel fährt. Eine Alternative wären Autos, die mit Stroh fahren (ja, Stroh, nicht Strom). Denn wenn Stroh vergärt, kann daraus Biogas gewonnen werden. Vier Großballen Stroh liefern so viel Biogas, wie ein PKW durchschnittlich in einem Jahr verbraucht, genug für mehr als 11000 Kilometer.[11] Auf deutschen Feldern verrottet jedes Jahr genug Stroh, um zwischen fünf und sieben Millionen Autos zu betreiben. In Augsburg fahren die Busse bereits seit 2011 mit Biogas, das aus einer Bioabfallvergärungsanlage in der Stadt stammt, also aus vergorenem Biomüll. Wichtig bei Biogas ist, dass es aus Abfallprodukten wie Stroh und Müll gewonnen wird, nur dann ist es umweltfreundlich. Biogas oder Biosprit, für die extra Mais oder Raps angebaut werden, sind natürlich keine Lösung. Denn für den Anbau dieser Pflanzen werden wieder Wasser, Fläche und Pestizide verbraucht (s. S. 43) und die Umwelt belastet.

Wie umweltfreundlich sind Elektroautos wirklich?

Die Bundesregierung fördert statt Biogas-Autos aber die Elektromobilität, also Autos, die mit Strom aus der Batterie fahren. Die stoßen zwar beim Fahren kein CO_2 oder andere Treibhausgase aus, sie verursachen die Emissionen und Umweltschäden dafür woanders. Denn der Strom, mit dem die Batterien geladen werden, wird ja irgendwo produziert. In Deutschland stammt dieser Strom noch zu einem Viertel aus Kohlekraftwerken. Ein Elektroauto, das hierzulande mit einem Strommix fährt, ist deswegen erst nach 130000 Kilometern klimafreundlicher als ein Wagen der Kompaktklasse, der mit Benzin fährt[12], das sind mehr als zehn Jahre Fahren. Wenn ein Elektroauto nur mit Ökoström fährt, verursacht es zwar auf der Straße weniger CO_2-Ausstoß, man muss die Klimafreundlichkeit eines Produkts aber von der Herstellung bis zu Entsorgung betrachten. Und die Produktion der Batterie ist überhaupt nicht umweltfreundlich. Bei der Herstellung von Stahl, das jedes Auto braucht, entsteht Feinstaub. Ein Elektroauto verursacht aber allein bei der Herstellung der Batterie mehr davon als Autos mit Verbrennungsmotor.[13] Außerdem enthält die Batterie Lithium, Kobalt, Nickel, Grafit und sogenannte seltene Erden, verbraucht also viele Rohstoffe, die aufwendig gefördert werden müssen.[14] Immerhin ist ein

Elektroauto, das wirklich nur mit Ökostrom fährt, schon nach 37500 Kilometern klimafreundlicher als ein Benziner.

Wenn irgendwann leistungsfähigere Batterien serienreif sind, die nachhaltiger gebaut werden können, wären Elektroautos vielleicht wirklich umweltfreundlich und eine Ergänzung von Bahn und Fahrrad.

Lieber mal vom Gas gehen

Deutschland ist das einzige Land in Europa, in dem es auf den Autobahnen kein Tempolimit gibt (jedenfalls auf über der Hälfte der Autobahnstrecken).[15] Das zieht Touristen an. Manche Menschen fahren nur nach Deutschland, um auf der Autobahn ordentlich Gas geben zu können.[16]

Klimaschützer fordern, das Tempo auch auf deutschen Autobahnen zu begrenzen. Es spricht viel für ein Tempolimit. Ein Limit von 120 km/h könnte den CO_2-Ausstoß auf Autobahnen um neun Prozent verringern.[17] Ohne Tempolimit fahren manche Menschen richtig schnell, werden ausgebremst von Autos, die langsamer fahren, und geben dann wieder Gas. Dadurch werden noch mehr Schadstoffe ausgestoßen als bei gleichmäßigem Fahren. Und wenn man ohnehin nirgendwo schneller als 130 km/h fahren dürfte, gäbe es auch keinen Grund mehr für Autohersteller, Motoren zu produzieren, die 200 km/h oder mehr auf die Straße bringen. Sie könnten stattdessen endlich auf leistungsärmere und damit auch verbrauchsärmere Motoren setzen.[18]

Um die Luft gerade in Städten zu verbessern, fordert die Deutsche Umwelthilfe außerdem eine Geschwindigkeitsbeschränkung von 30 km/h in Städten[19] (im Moment sind es 50 km/h).

... oder gleich ganz verbieten

Letztendlich gilt es, Autos mit umweltschädlichen Verbrennungsmotoren komplett zu verbieten. Andere Länder machen es vor: In Schweden, Indien, Island, Israel und weiteren Ländern sollen ab 2030 keine Wagen mit Verbrennungsmotoren mehr zugelassen werden. Norwegen will schon ab 2025 keine Neuwagen mit Verbrennungsmotor mehr erlauben.[20] Allerdings werden natürlich die Autos, die bis dahin gekauft wurden, weiterhin fahren und Abgase in die Luft pusten.

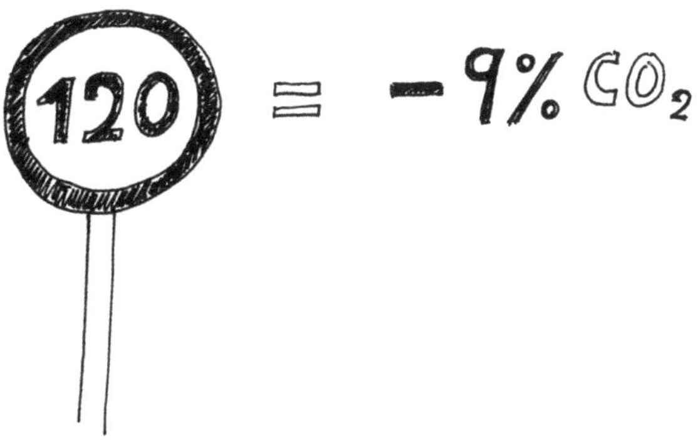

Wie wir mit CO_2 umgehen können

Einiges an unserem Wirtschaftssystem ist zutiefst ungerecht. Manche Menschen richten Schaden an, für den alle bezahlen, nicht nur die Verursacher. Wer ständig das Licht brennen lässt, überall mit dem Auto hinfährt und am liebsten Rindersteak isst, richtet mehr Umweltschäden an als jemand, der im Winter die Wohnung nur auf 18 Grad heizt, mit Rad und Zug fährt und regionales Bio-Gemüse isst. Wer die Steaks kauft, zahlt für die Rinderzucht, den Transport und den Hungerlohn der Schlachter. Aber nicht für die Schäden, die durch Gülle, Abwasser und den Trans-

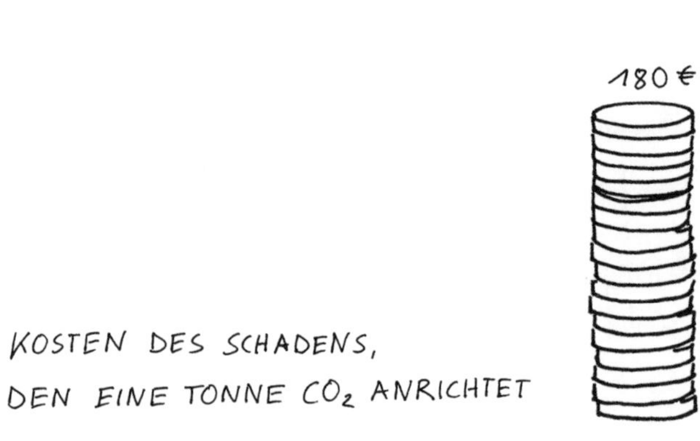

port vom Stall zum Schlachthaus und in den Supermarkt angerichtet werden. Auch der Kohlekonzern, der für den Kohleabbau Wälder abholzt, die Erde aufreißt und später gesundheitsschädlichen Dreck in die Luft pustet[1], zahlt nicht ausreichend für den Schaden.

Das Umweltbundesamt hat ausgerechnet: Eine Tonne CO_2 verursacht Schäden von rund 180 Euro[2], indem es die Klimakrise anheizt und damit Naturkatastrophen verursacht, Tiere und Pflanzen gefährdet und unserer Gesundheit schadet. Im Moment werden die Folgen des verrückten Wetters aus Steuergeldern bezahlt, wenn etwa Deiche gebaut, Bauern finanziell unterstützt werden müssen oder wenn die Gesundheitskosten steigen, weil mehr Menschen unter Atemwegserkrankungen leiden. Also zahlen wir alle, egal ob reich oder arm, egal ob jemand mehr oder weniger CO_2-Ausstoß verursacht. Denn das Geld, das der Staat ausgibt, haben wir ja als Steuern gezahlt.

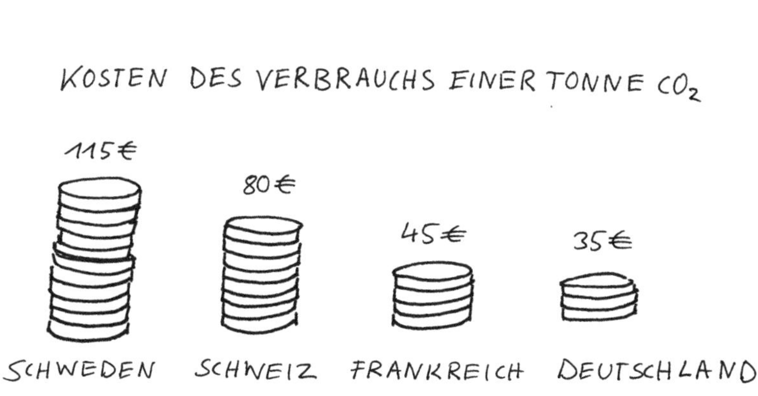

Wie CO_2 etwas kostet

Fairer wäre es, diese Kosten in den Preis von klimaschädlichen Produkten einzuberechnen, damit vor allem erst einmal jene dafür zahlen, die diese Produkte kaufen. Das ginge über eine CO_2-Steuer.

Und die funktioniert so: Überall, wo CO_2 ausgestoßen wird, kommt diese zusätzliche Steuer drauf, also etwa wenn Autos fahren, LKW Güter transportieren, Fabriken mit Kohlestrom arbeiten oder Menschen ihre Wohnung mit Öl oder Gas heizen. Das Ziel: CO_2-schädliche Energieträger teurer machen als klimafreundliche. Die Folge: Weniger Menschen kaufen diese Produkte, und die Hersteller werden nach Möglichkeiten suchen, ihre Waren klimafreundlicher zu produzieren, um die CO_2-Steuer zu verringern.[3]

Die Schweiz macht es vor: Dort kostet die Steuer für eine Tonne CO_2 etwa 87 Euro. Die Schweizer Bürger bekommen einen Teil des Geldes über die Krankenversicherung zurück.[4] In Frankreich gibt es ebenfalls eine CO_2-Steuer (knapp 45 Euro pro Tonne), dort wird das Geld aber nicht gleichmäßig an die Bürger zurückgezahlt, sondern in den Ausbau erneuerbarer Energien gesteckt. Das klingt zunächst sinnvoll, allerdings zahlen arme Bürger dadurch mehr für diesen Ausbau als reiche. Denn Reiche muss es nicht stören, wenn Benzin oder andere Produkte etwas teurer werden, für Menschen, die nur wenige Hundert Euro im Monat zum Leben zur Verfügung haben, wird das Geld aber noch knapper. Deswegen sind in Frankreich die Menschen im Winter 2018/19 auch auf die Straße gegangen und haben die Senkung der Steuern und mehr politische

Mitbestimmung gefordert (sogenannte Gelbwestenbewegung).[5]

In Schweden kostet eine Tonne 115 Euro.[6] Der CO_2-Ausstoß ist dort seit 1991 fast um ein Viertel gesunken, die Wirtschaft wuchs um 55 Prozent.[7] In Deutschland wird gerade über lediglich 35 Euro pro Tonne diskutiert. Die ehemalige Direktorin des Internationalen Währungsfonds, Christine Lagarde, hält 62 Euro für einen ausreichenden Preis, um die Klimaziele zu erreichen.[8] Die #FridaysForFuture-Bewegung fordert konsequenterweise 180 Euro pro Tonne, also so viel, wie der angerichtete Schaden pro Tonne kostet.[9]

Ein Kilo tiefgekühltes Rindfleisch wäre dann 2,58 Euro teurer, würde also etwa zwölf Euro kosten. Ein Liter konventionell hergestellte Milch (also nicht bio) wäre 17 Cent teurer, ein Kilo Kartoffeln vier Cent. Ein Smartphone würde etwa 14 Euro mehr kosten, ein langärmliges Shirt zwei Euro. Ein Flug von Düsseldorf nach New York wäre gut 650 Euro teurer, und ein Flug von Hamburg nach München würde 28,80 Euro mehr kosten, mit der Bahn wären es 6,12 Euro mehr. Ein Liter Benzin wäre dann 43 Cent teurer, ein Liter Diesel 47 Cent. Ein Jahr lang Strom würde für ein Einfamilienhaus, in dem drei Menschen leben, 317 Euro im Jahr zusätzlich kosten.[10]

ABER

ARME MENSCHEN KÖNNEN SICH EINE CO_2-STEUER NICHT LEISTEN!

Doch.

Sie könnten sogar daran verdienen. Im Gegenzug soll nämlich jeder Bürger den gleichen Betrag pro Jahr zurückbekommen. Wer also umweltfreundlich lebt und wenig CO_2-Steuer zahlen muss, bekommt am Ende des Jahres gewissermaßen einen Bonus, wer viel fliegt und fährt, zahlt drauf. Damit Menschen, die auf dem Land leben und ohne Auto (noch) nicht auskommen, nicht benachteiligt werden, könnte die Pendlerpauschale erhöht werden. Außerdem trifft eine CO_2-Steuer ohnehin hauptsächlich jene, die viel CO_2 ausstoßen, Menschen, die große Autos fahren oder oft mit dem Flugzeug fliegen. Also eher Reiche als Arme.[11]

Damit Unternehmen, die mit Konzernen in Ländern ohne CO_2-Steuer konkurrieren, nicht zu sehr belastet werden, könnte es für sie Steuererleichterungen geben. Das verringert allerdings den Druck auf diese Unternehmen, klimafreundlicher zu handeln. Einige Unternehmen in Deutschland sind übrigens bereits für eine CO_2-Steuer. Auch die Weltbank[12], der Internationale Währungsfond[13] und sogar der Mineralölkonzern Exxon sprechen sich für eine CO_2-Steuer aus, Exxon wahrscheinlich, um noch härteren Maßnahmen gegen die Nutzung von Erdöl zuvorzukommen.[14] Eine weltweite CO_2-Steuer gilt jedenfalls als eines der wirksamsten Mittel gegen die Klimakrise.[15]

Der Begriff »Steuer« ist in der Politik übrigens ein Problem. Kein Politiker will neue Steuern einführen, sonst sind die Wähler vielleicht sauer und wählen ihn nicht mehr. Deswegen ist auch oft von einer CO_2-»Abgabe« die Rede.

Zertifikate für die Luftverschmutzung

Im Moment zahlen Unternehmen bereits für das Recht, CO_2 in die Luft abzugeben, pro Tonne etwa 25 Euro.[16] Die EU bietet dafür eine bestimmte Zahl Zertifikate an, die Unternehmen kaufen und auch untereinander handeln können. Der Preis für ein Zertifikat wird dabei von Angebot und Nachfrage – also vom Markt – bestimmt. Wollen also viele Unternehmen das Recht zum CO_2-Ausstoß kaufen, steigt der Preis. Lässt die Nachfrage nach, sinkt er. Dadurch kann die Politik den Preis regeln. Gibt die EU nur wenige Zertifikate zum Handel frei, steigt der Preis.[17]

Doch das Gegenteil geschieht: In Europa gibt es bereits zu viele Zertifikate. Wenn nun irgendwo ein Unternehmen CO_2 einspart – was ja gut ist –, kommen die Zertifikate, die das Unternehmen nicht mehr braucht, wieder auf den Markt. Doch je mehr Zertifikate im Umlauf sind, desto günstiger sind sie. Unternehmen haben dann keinen wirtschaftlichen Grund, Emissionen einzusparen. Trotzdem haben sie gegenüber Unternehmen, die nicht in Europa sitzen, eventuell einen Nachteil, weil die anderen Unternehmen ohne zusätzliche Kosten Emissionen verursachen können. Eine Alternative wären globaler Emissionshandel – und weniger Zertifikate.

Noch ein Problem beim Emissionshandel: Ausgerechnet jene Bereiche, in denen die meisten Treibhausgase ausgestoßen werden, sind vom Emissionshandel ausgenommen, nämlich Verkehr, Gebäude und Landwirtschaft.[18] Diese Bereiche sollten also mit einbezogen werden. Bis das EU-weit beschlossen ist, können Jahre vergehen. Schneller ginge es, eine nationale CO_2-Steuer einzuführen.

CO_2 aus der Luft holen

Um die Erderwärmung auf zwei oder besser 1,5 Grad zu begrenzen, reicht es aber nicht mehr, wenn wir CO_2 einsparen. Zusätzlich müssen unvorstellbare Mengen CO_2 aus der Atmosphäre geholt und gebunden werden, nämlich hundert bis tausend Milliarden Tonnen in den kommenden 80 Jahren.[19] Das ist gemeint, wenn von negativen Emissionen die Rede ist.

Dafür gibt es zum Beispiel diese Möglichkeiten:

- Gigantische Wälder[20]: Pflanzen nehmen CO_2 über die Blätter auf und wandeln es in Sauerstoff und Zucker um. Sie geben zwar einen Teil beim Stoffwechsel wieder ab (umso mehr, je heißer es ist), doch den Rest binden sie. Regenwälder und Savannen setzen fast 60 Prozent des CO_2 in der Atmosphäre durch Photosynthese um. Landwirtschaftliche Felder nehmen nur 11 Prozent auf.[21]

In den Parks, Wäldern und leeren Landflächen dieser Welt ist genug Platz, um mehr als eine Billion Bäume zu pflanzen. Die wiederum könnten so viel CO_2 speichern, wie in einem Jahrzehnt durch Menschen ausgestoßen wurde, haben Wissenschaftlerinnen herausgefunden.[22] Die Vereinten Nationen haben die Trillion Tree Campaign ins Leben gerufen und wollen eine Billion Bäume pflanzen lassen.[23] In Australien sollen bis 2050 eine Milliarde Bäume gepflanzt werden. Im Moment gibt es geschätzt 3,2 Billionen Bäume auf der Welt.[24]
Aufforstung allein reicht aber nicht. Wichtiger wäre es, die Wälder zu erhalten, die es schon gibt, und zu verbieten, dass sie abgeholzt werden. Und: Das CO_2 wird in Pflanzen zwar gebunden, aber nicht für immer. Wenn die Pflanzen sterben und verrotten oder gar verbrennen, wird es wieder freigesetzt.

- CCS-Technologie: Es ist möglich, CO_2 aus der Atmosphäre zu filtern und – vereinfacht gesagt – in eine Art Gestein umzuwandeln. Das nennt sich »Carbon Capture Storage«, also gewissermaßen »CO_2 einfangen und speichern«. Allerdings gibt es bei Weitem nicht genug Anlagen dafür. Um genug CO_2 aus der Atmosphäre holen zu können, müsste bis 2086 jeden Werktag eine neue Anlage eröffnet werden. Außerdem könnte auch diese Technologie schädliche Nebenwirkungen haben, die wir noch nicht kennen. Und Energie und Unmengen an Wasser verbraucht sie auch noch.[25]
Viele Umweltschützer sind aber dagegen, sich zu sehr auf diese Technologie zu verlassen, weil es die Moti-

vation und den Druck nimmt, weniger CO_2 auszustoßen.[26]

– BECCS-Technologie: Eine weitere Möglichkeit wäre es, Pflanzen anbauen, die rasch wachsen und möglichst viel CO_2 aus der Luft holen (etwa Mais). Diese Pflanzen können dann verbrannt und das CO_2, das dabei entsteht, aufgefangen und in den Boden gepresst werden, wo es hoffentlich für immer bleibt. Dieses Verfahren heißt »Bioenergy with Carbon Capture Storage«, also »Bioenergie mit CO_2-Abscheidung und -Einlagerung«. Das ist aber teuer, verbraucht auch wieder viel Wasser, Platz und Energie, um die Pflanzen anzubauen, und die Technik ist noch nicht ausgereift.[27]

ABER

DAS IST DOCH TEUER!

Stimmt.

Die Schäden durch die Klimakrise sind aber auch teuer. Allein 2018 entstanden in den USA durch Waldbrände, Tornados und andere Naturkatastrophen, die auf die Erderwärmung zurückzuführen sind, Schäden von 91 Milliarden Dollar. Ach ja, und 247 Menschen sind gestorben.[28] Diesen Schaden kann man gar nicht in Geldbeträge fassen. Wenn es immer weniger Bienen gibt, werden viele Pflanzen nicht bestäubt oder müssen künstlich bestäubt werden. Das kostet Geld, sowohl das künstliche Bestäuben als auch die Ernteausfälle. Weil die Böden immer schlechter werden, ist bereits fast ein Viertel der weltweiten Landwirtschaftsproduktivität in Gefahr.[29]

Außerdem machen wir mit der Natur ganz schön viel Geld. In Nord- und Südamerika zusammen ist das zum Beispiel ein Nutzen im Wert von rund 24 Billionen Dollar, etwa in Form von sauberem Trinkwasser, Tourismus oder Medizin aus tropischen Pflanzen.[30]

Nichts zu verändern würde uns also mehr kosten, als Maßnahmen zum Umweltschutz zu bezahlen.

Bill Nye, der Moderator einer US-amerikanischen Wissenschaftssendung für Kinder, sagte dazu[31]: »Die Erde brennt. Es gibt viel, was wir tun können, um sie zu löschen, aber ist irgendetwas davon kostenlos? Nein, natürlich nicht! Nichts ist kostenlos, ihr Idioten, werdet endlich erwachsen!« Und der 16-jährige Michael Bäcklund, ein Aktivist bei #FridaysForFuture, schrieb dazu sehr treffend: »Wenn Ihr Haus brennen würde, und Ihre Familie wäre in dem Haus, würden Sie ruhig danebensitzen und sich Sorgen darum machen, wie teuer ein Eimer Wasser ist?«[32]

Ernährung – Essen für die Tonne

Für den Hamburger, das Steak oder auch das Tofuschnitzel, für das Rührei, den Käse, den Salat auf unserem Teller werden Unmengen an Land, Wasser und Energie gebraucht. Das habe ich im ersten Teil erklärt (s. S. 40). Wenn du das verstanden hast, wird dir diese Information wahrscheinlich richtig wehtun: Knapp ein Drittel aller produzierten Lebensmittel auf der Welt wird weggeworfen. 1,3 Milliarden Tonnen pro Jahr. 1,6 Tonnen für jeden der 821 Millionen hungernden Menschen weltweit.[1] In Deutschland werfen wir jedes Jahr – je nach Schätzung – zwischen 55[2] und 82 Kilogramm[3] Lebensmittel pro Person weg. Etwa die Hälfte davon könnte noch gegessen werden. Für diesen Müll, der keiner sein müsste, wurden 2,6 Millionen Hektar bewirtschaftet, fast so viel wie die Fläche Brandenburgs. 48 Millionen Tonnen Treibhausgase wurden dafür freigesetzt. Völlig umsonst.[4]

Warum werfen wir so viel weg? Es gibt viele Gründe: Manche Lebensmittel werden schon bei der Herstellung oder beim Transport beschädigt und weggeworfen. Genauso erreichen Lebensmittel, die nicht der Norm entsprechen, gar nicht erst den Kunden, etwa Gurken, die zu groß oder zu klein sind. Manchmal wurde auch schlicht zu viel produziert und kein Käufer gefunden.

In Hotels, Bäckereien und Restaurants wird überschüssiges Essen weggeworfen, das niemand bestellt hat. Gerade in Bäckereien und auf Hotelbuffets muss bis zum Schluss möglichst das ganze Angebot parat liegen. Was dann nicht gekauft und gegessen wird, ist Müll. Im Laden lassen wir die Äpfel mit den Druckstellen lieber liegen und kaufen den Käse nicht, wenn das Mindesthaltbarkeitsdatum schon nahe ist. Dabei kann man Druckstellen rausschneiden und den Käse auch lange nach dem Mindesthaltbarkeitsdatum noch essen.

Damit weniger Lebensmittel verschwendet werden, helfen Gesetze. In Frankreich und Tschechien[5] dürfen Supermärkte Lebensmittel, die nicht verkauft wurden, nicht mehr wegwerfen. Was sie nicht verkaufen, müssen sie spenden, etwa an die Tafel oder andere soziale Einrichtungen. Was wirklich nicht mehr genießbar ist, soll als Tierfutter oder als Kompost in der Landwirtschaft verwendet werden.[6] Frankreich will mit diesem Verschwendungsverbot für Supermärkte mit einer Ladenfläche von mehr als 400 Quadratmetern bis 2025 die Menge der Lebensmittel im Müll halbieren.

In Deutschland soll die Masse weggeworfener Lebensmittel bis 2030 halbiert werden. Außer Vorschlägen, wie bei der Produktion, im Handel oder in Kantinen sorgsamer mit Lebensmitteln umgegangen werden kann (unter www.lebensmittelwertschaetzen.de), sind aber keine konkreten Maßnahmen geplant.[7] Im Moment ist es für Händler lukrativer, Lebensmittel, die sie nicht verkaufen können, abzuschreiben (also wegzuwerfen), dann zahlen sie weniger Steuern. Wenn sie Lebensmittel spenden, müssen sie trotzdem die Umsatzsteuer für die Lebensmittel zahlen, obwohl sie mit ihnen nichts verdient haben.[8]

Bioanbau für alle!

Die Lebensmittelverschwendung ist umso schlimmer, weil die Landwirtschaft so viele Ressourcen verbraucht und Schaden anrichtet. Mehr als die Hälfte Deutschlands wird für Felder und Weideflächen genutzt[9], Grundwasser wird verschmutzt, Treibhausgase ausgestoßen, Wildtiere verdrängt und getötet. Landwirtschaft ist lebenswichtig, muss aber umweltfreundlicher betrieben werden.

Dafür gibt es verschiedene Vorschläge:

- Sorgfältigerer Einsatz von Düngemitteln und Pflanzenschutzmitteln: Bauern sollten nur noch so viele Tiere halten, wie sie Gülle auf ihren eigenen Feldern ausbringen können (flächengebundene Nutztierhaltung).[10] Umweltschädliche Gifte müssten endlich verboten werden.
- Mehr Zusammenarbeit mit der Natur: Statt Gifte gegen Insekten einzusetzen, die die Ernte vermindern, sollten Bauern andere Insekten einsetzen, etwa Raubmilben

gegen Spinnmilben in Gewächshäusern, das funktioniert bereits bei Paprika, Tomaten oder Zucchini.[11]

- Bäume und Sträucher am Rand von Feldern schützen vor Wind und verhindern, dass bei Regen zu viel fruchtbare Erde weggeschwemmt wird und Nähr- sowie Schadstoffe ins Grundwasser gespült werden. Außerdem verdunstet dort, wo Bäume Schatten spenden, weniger Wasser, die Ackerpflanzen in der Umgebung bringen mehr Ertrag. In den Bäumen können Vögel nisten und Kleintiere sich verstecken, Landwirte könnten hier noch Schafe und Hühner halten. Und wenn es Obstbäume sind, können die Bauern sogar noch etwas ernten. »Agroforst-Systeme« nennen Agrarwissenschaftler das natürliche Zusammenspiel aus Feld, Baum und Sträuchern.[12]
- Schlauere Besteuerung: Auf Tierprodukte zahlt man den ermäßigten Mehrwertsteuersatz von sieben Prozent, statt 19 Prozent. Damit sollen zwar Grundnahrungsmittel günstiger sein. Allerdings muss Fleisch nicht unbedingt als Grundnahrungsmittel gelten, denn auch mit weniger oder gar keinem Fleisch kann man sich in der Regel gesund ernähren. Gleichzeitig müssten strenge Vorschriften für bessere Tierhaltung erlassen und durchgesetzt werden, damit Erzeuger den Preis nicht auf Kosten der Tiere (und Arbeiter) wieder drücken. Würde der Staat für Fleisch 19 Prozent kassieren, könnten klimafreundliche Grundnahrungsmittel stattdessen geringer besteuert werden, etwa nur mit vier Prozent Mehrwertsteuer auf ökologisch angebautes Obst und Gemüse aus Deutschland.[13]

Für welche Waren der ermäßigte Steuersatz fällig wird und für welche der normale, scheint sowieso absurd zu sein. Sieben Prozent gibt es auf Blumen und Apfelmus, 19 Prozent auf Hafermilch und Babywindeln.[14] Der Grund dafür liegt – wie so häufig – in der Geschichte: Der ermäßigte Steuersatz soll Produkte günstiger machen, die wir im Alltag brauchen, dazu zählen für den Gesetzgeber unter anderem Blumen und Apfelmus. Wegwerfwindeln hingegen galten einst als Luxusprodukt, weil die meisten Menschen damals Stoffwindeln nutzten. Und Hafermilch ist ohnehin ein neues Phänomen. Es wäre also an der Zeit, die Besteuerung sogenannter »Produkte der Grundversorgung« einmal grundlegend zu überarbeiten.

Generell muss viel mehr getan werden, um unsere Lebensmittel wieder umweltfreundlicher zu produzieren. Also ohne dass wir für lebenswichtige Nahrung unsere Lebensgrundlage, die Natur, zerstören. Und: Wenn Hersteller deutlich stärker für den Schaden, den die Lebensmittelproduktion anrichtet, aufkommen müssten, wären Lebensmittel teurer, wir würden bewusster einkaufen, eher auf Fleisch verzichten (das ja teurer wäre) und darauf achten, dass weniger weggeworfen wird. Wissenschaftler der Universität Augsburg haben ausgerechnet: Wenn alle Umweltschäden einkalkuliert würden, müsste Fleisch aus nicht-biologischer Landwirtschaft um 43 Prozent teurer sein, Gemüse und Obst aus Nicht-Bio-Anbau sechs Prozent.[15]

In seinem neuesten Bericht vom August 2019 betonte der Weltklimarat noch einmal: Ohne Verzicht und eine andere Lebensweise werden wir uns nicht mehr retten können. Neben der Verbrennung fossiler Energieträger steht dabei die Landwirtschaft im Mittelpunkt.[16]

ABER

BIO-PRODUKTE BRAUCHEN MEHR FLÄCHE FÜR DEN GLEICHEN ERTRAG!

Stimmt.

Wenn Getreide, Kartoffeln und Co. ohne Pflanzenschutzmittel und mit wenig Dünger angebaut werden, bringen sie weniger Ertrag.[17] Um genauso viel zu ernten wie in der konventionellen Landwirtschaft, verbraucht der Bio-Anbau also mehr Fläche und Wasser. Damit werden in der ökologischen Landwirtschaft pro Kilogramm Lebensmittel genauso viel oder sogar mehr Treibhausgase freigesetzt als in der konventionellen Landwirtschaft. Besser für die Natur ist die Bio-Landwirtschaft trotzdem, denn beim Bio-Anbau sind besonders schädliche Pflanzenschutz- und Düngemittel verboten. Und auch wenn dafür mehr Fläche gebraucht wird, wäre mehr Bio-Anbau möglich. Wir müssten nur weniger Nahrung verschwenden. Und die Ernte würde für alle reichen.

Konsum – Schlauer einkaufen

Wer umweltbewusst konsumieren will, hat es schwer. Denn meistens können wir nicht wissen, wie viel Wasser für ein Produkt verschmutzt, wie viel Regenwald abgeholtzt wurde oder wie viele Menschen und Tiere bei der Produktion leiden mussten.
Immerhin wird es Kunden bereits etwas leichter gemacht, wenn sie wissen wollen, ob ein neues Gerät Strom verschwendet.

Seit 2011 muss auf Kühlschränken, Waschmaschinen, Fernsehern, anderen großen Elektrogeräten und Lampen stehen, wie viel Strom das Gerät verbraucht und wie sparsam oder verschwenderisch es ist. Das wird durch die Energieeffizienzklasse angegeben, A+++ ist im Moment die beste.[1] Energieeffiziente Geräte sind zwar meistens teurer, durch die gesparten Stromkosten hat man das Geld aber nach einiger Zeit wieder eingespart. Und wenn immer mehr Kundinnen auf Energieeffizienz achten, motiviert das die Hersteller, eher stromsparende Geräte zu bauen. Deswegen wäre es im Sinne des Umweltschutzes, möglichst alle Elektrogeräte so zu nen.

2013 wurde festgelegt, dass Elektrogeräte im Stand-by nur noch maximal ein Watt verbrauchen dürfen. Vorher waren es zum Beispiel bei Fernsehern 40 Watt oder mehr – genug für drei helle Energiesparlampen.[2]

Ebenso könnte die Regierung festlegen, dass auf Produkten, egal ob Birnen oder Glühbirnen, stehen muss, wie umweltfreundlich oder klimafeindlich ein Produkt ist. Kunden könnten dann auf einen Blick erkennen, ob bei der Herstellung eines Produkts im Vergleich mit ähnlichen Produkten besonders viel oder wenig Wasser, Energie und Rohstoffe verbraucht wurden. Ein erntefrischer Apfel aus dem Umland oder ein Kleid, das fair und ökologisch im Nachbarland produziert wurde, hätte dann eine bessere Ressourceneffizienzklasse als ein Apfel aus Chile oder ein Kleid aus Kambodscha. So könnten Kunden umweltbewusstere Entscheidungen treffen. Und Hersteller wären bemüht, mehr auf die Umwelt zu achten.

Fair wäre es außerdem, wenn der Umweltschaden, der bei der Herstellung entsteht, nicht nur auf ein Etikett gedruckt ist, sondern auch in den Preis einfließt. Denn im Moment kommen für den Schaden selten die Hersteller auf, sondern die Steuerzahler. Ja, dann wären manche Produkte sehr viel teurer. Dann würden Kunden aber auch darauf bestehen, dass sich ein Smartphone reparieren lässt, dass man den Akku austauschen kann und die Software nicht schon nach drei Jahren veraltet ist.

ABER

DIE FREIHEIT!

Freiheit ist schön und wichtig. Aber: Die Freiheit des Einzelnen endet dort, wo die Freiheit des anderen beginnt, schrieb sinngemäß der Philosoph Immanuel Kant. Und die Freiheit, beliebig oft im Jahr in den Urlaub zu fliegen, jeden Tag Plastikmüll wegzuwerfen und mit 180 über die Autobahn zu heizen, beeinträchtigt die Freiheit der anderen, die saubere Luft atmen, sich in der Stadt von Autos ungehindert bewegen oder darauf hoffen wollen, auch in 50 Jahren noch in einem Land leben zu können, das nicht von Klimaflüchtlingen aus noch heißeren Ländern überrannt wird.

Um das Leben aller zu schützen, muss die Freiheit einiger weniger eingeschränkt werden. Das ging beim Rauchverbot, das ging bei bisherigen Geschwindigkeitsbegrenzungen und beim FCKW ging es auch (s. S. 89). Denn Freiheit ist keine Entschuldigung für Rücksichtslosigkeit.

Müll – Was man alles daraus machen kann

Wenn Lebensmittel weggeworfen werden, ist das zwar eine gigantische Verschwendung von Ressourcen. Die Lebensmittel an sich (ohne Verpackung!) lassen sich aber wenigstens noch gut verwerten. Sie können in speziellen Anlagen zu Biogas vergoren werden, die Reste lassen sich als Dünger nutzen.[1] Auch anderer Biomüll, zum Beispiel geschnittenes Gras oder Zweige aus dem Garten, Kartoffelschalen oder Kaffeesatz ist nützlich, er wird in Biomasseheizkraftwerken verbrannt, um Strom zu produzieren, oder in Kompostierungsanlagen mithilfe von Sauerstoff zu neuer Erde kompostiert.[2] Allerdings gibt es in etwa der Hälfte der deutschen Kommunen keine Möglichkeit, Biomüll getrennt von anderem Abfall wegzuwerfen. Er landet also im Restmüll und ist für die weitere Verwertung verloren.

Wenn aus Abfällen neue Produkte oder Rohstoffe gewonnen werden, spricht man von Recycling (s. S. 56). Mit Biomüll funktioniert das in Deutschland gut, er wird fast komplett wiederverwertet. Auch anderer Abfall wird – zumindest bei uns – großteils neu genutzt. Glas zum Beispiel lässt sich unendlich oft einschmelzen und neu verwenden, in Deutschland werden bis zu 85 Prozent des Glasabfalls (immerhin 2,3 Millionen Tonnen pro Jahr) zu neuen Flaschen und Gläsern gegossen. In jeder neuen Flasche steckt bis zu 60 Prozent recyceltes Glas.[3] Das funktioniert aber nur, wenn Glas richtig entsorgt wird, nämlich in Altglascontainern.

Beim Papier ist die Recyclingquote auch ziemlich hoch. Mehr als 70 Prozent des Papierabfalls, der in Containern landet, wird recycelt[4], um daraus Papier oder Pappe herzustellen. Kartonage und Papier, die in Deutschland produziert werden, bestehen im Durchschnitt zu fast drei Vierteln aus Altpapier.[5] Das spart viele Ressourcen und Emissionen. Für die Produktion von Recyclingpapier wird 83 Prozent weniger Wasser und 72 Prozent weniger Strom verbraucht. Ein Paket Recycling-Druckerpapier rettet damit mehr als fünf Kilo Holz.[6]

Auch Elektromüll kann gut recycelt werden, das ist sogar gesetzlich festgeschrieben.[7] Mehr als 20 Kilogramm Elektroschrott fallen jedes Jahr pro Person in Deutschland an. Dieser Müll ist richtig wertvoll, denn in Smartphones, Computern und Kameras sind echte Schätze verbaut, Kupfer zum Beispiel, Silber, Gold, Platin und andere Edelmetalle. Eine halbe Million Euro kostet daher eine LKW-Ladung mit PC-Überresten.[8] Doch weltweit wird nur ein Fünftel des Elektroschrotts fachgerecht recycelt. Das meiste landet noch immer auf Deponien oder im Verbrennungsofen. Oder irgendwo in der Natur.

Schwierig wird es bei Plastik. Gerade Kunststoffe brauchen Jahrhunderte, werden zermahlen und verschwinden nie ganz, sind also besonders umweltschädlich. Trotzdem werden sie auch in Deutschland kaum recycelt (s. S. 59). Es muss also mehr dafür getan werden, dass Kunststoffe, vor allem Plastik, wieder zu neuen Rohstoffen werden können, also wieder in den Produktionskreislauf zurückkehren. Die Regierung könnte festlegen, dass Kunststoffe nur als recycelt gelten, wenn sie auch wirklich zu neuen Rohstoffen verarbeitet werden, statt Deutschland nur auf einem LKW Richtung Osteuropa oder auf einem Schiff nach Asien oder Afrika zu verlassen (s. S. 58).[9] Das wäre ein Anfang, denn dann sähe die Recyclingquote gleich viel schlechter aus. Ein Gesetz könnte außerdem Herstellern vorschreiben, einen bestimmten Prozentsatz recycelten Material in der Produktion zu verwenden. So ein Gesetz gibt es schon länger, allerdings nur für Verpackungen. Es legt fest, dass Kunststoffverpackungen bis 2022 zu fast zwei Dritteln aus recyceltem Kunststoff bestehen müssen (bei Metall, Glas und Papier sogar 90 Prozent). Bis 2030 sollen alle Kunststoffverpackungen gemäß der Kunststoffstrategie der EU-Kommission recycelbar sein.[10]

Der NABU fordert außerdem, dass nur noch Produkte und Verpackungen hergestellt werden sollen, die sich gut wiederverwerten lassen.[11] Mischverpackungen aus mehreren Kunststoffschichten wären dann verboten.

Auch Kleidung kann recycelt werden: zu neuen Modellen umgenäht, als Putzlappen verwendet oder zu Kissenfüllungen verarbeitet. Doch weniger als ein Prozent aller weggeworfenen Textilien wird tatsächlich recycelt.[12] Auch hier könnte ein Gesetz vorschreiben, dass Altkleider aufbereitet und wiederverwertet werden müssen, ähnlich wie bei Elektromüll.

Recycling funktioniert aber nur, wenn wir schon zu Hause unseren Müll konsequent trennen. Doch noch immer gibt es in Großstädten Mehrfamilienhäuser, vor denen nur Restmülltonnen stehen, sodass die Bewohnerinnen ihren Müll gar nicht so einfach trennen können. Hier ist auch wieder die Politik gefragt, die Mülltrennung in jedem Gebäude vorschreiben könnte.

Oder Müll verbieten

Besser wäre es natürlich, wenn Müll gar nicht erst entsteht. In vielen Ländern wurde Einmal-Plastik wie Plastiktüten, Strohhalme oder Plastikbesteck bereits verboten. In anderen ist es geplant, in der EU ab 2021. Genf verbietet[13] schon ab 2020 Einwegplastik, jedenfalls auf Terrassen, Stränden, Verkaufswagen und Eisdielen und bei öffentlichen Veranstaltungen, sonst drohen Bußgelder. Was nicht unter das Verbot fällt: Coffee-to-go-Becher aus kunststoffbeschichtetem Papier und Einweg-Plastikflaschen für Getränke. Und davon gibt es viel zu viele.

Bis 2025 dürfen nur noch 40 Einwegplastiktüten pro Person und Jahr in der EU verbraucht werden. Wie die Staaten dieses Ziel erreichen sollen, ist nicht vorgeschrieben. Allerdings sind die Milliarden besonders dünne Tüten ausgenommen. Manche Länder nehmen das Plastikproblem ernster: In Frankreich sind Einweg-Tüten seit 2017 komplett verboten, in Italien dürfen nur kompostierbare Plastiktüten ausgegeben werden.[14]

Es sind erste, aber nur kleine Schritte hin zu weniger Müll.

Eine weitere Möglichkeit, Plastikmüll zu vermeiden, wäre, Plastik stärker zu besteuern, damit es sich für Hersteller nicht mehr lohnt, jedes Produkt einzuschweißen. Die Bundesregierung hat diesen Vorschlag der EU aber vorerst abgelehnt.[15]

Pfand auf Zigarettenkippen

Noch eine Idee: Es sollte möglich sein, Hersteller dafür bezahlen zu lassen, wenn ihre Produkte nicht ordentlich entsorgt werden. Technisch ginge das, denn in Plastik können Codes integriert werden, die mit speziellen Scannern gelesen und dem jeweiligen Hersteller zugeordnet werden können.[16] Am einfachsten wäre das für ein Übel, das sich auf der ganzen Welt ausgebreitet hat: Raucher werfen ihre Zigarettenkippen oft einfach auf die Straße oder in die Natur. Dabei sind die Filter, die sich mit Nikotin und anderen Schadstoffen vollgesogen haben, hochgiftig. Eine einzige Kippe verseucht bereits rund 40 Liter sauberes Grundwasser. Auf die Filter ließe sich die Marke drucken. Auch wenn natürlich kein Unternehmen direkt schuld ist, wenn ein Kunde seine Produkte einfach in den Wald oder auf die Straße wirft, würden sich Strafzahlungen auf die Kosten der Produkte auswirken. Mit dem eingenommenen Geld könnte die Reinigung von Straßen finanziert werden.

Außerdem könnten Kommunen von Menschen, die Müll auf die Straße oder in die Natur werfen, höhere Bußgelder verlangen. Wenn eine weggeworfene Zigarette oder ein Plastikbeutel mit Hundekot im Gebüsch den Verursacher 1300 Euro kostet (wie es in Singapur der Fall ist)[17], wären die Straßen wahrscheinlich viel sauberer.

Im Sommer 2019 forderte eine Petition, 20 Cent Pfand pro Zigarettenstummel zu nehmen.[18] Dann wäre ein Päckchen Zigaretten erst einmal fast doppelt so teuer wie vorher, Raucher wären motiviert, ihre Kippen einzusammeln und abzugeben, und wer Zigarettenkippen auf der Straße aufsammelt, kann damit sogar Geld machen.

Müll aus dem Internet

Ähnlich wie bei verschwendeten Lebensmitteln entstehen auch bei anderen Produkten Unmengen an Müll, die eigentlich gar keiner sind. Im Frühjahr 2019 wurde Amazon kritisiert, weil der Onlinehändler jeden Tag Waren im Wert von mehreren Zehntausend Euro vernichten lässt. Wenn Waren nicht verkauft oder vom Kunden wieder zurückgeschickt werden, landen sie auf dem Müll. Die Grünen fordern deshalb, Onlinehändlern zu verbieten, neuwertige Waren zu vernichten. Sie sollten lieber an Sozialkaufhäuser oder andere Einrichtungen gespendet werden. Dann muss aber ein anderes Gesetz geändert werden: Für Händler lohnt sich die Vernichtung nämlich mehr als eine Spende. Auf Waren, die sie spenden, müssen sie Umsatzsteuer zahlen, obwohl sie das Produkt gar nicht verkauft und damit kein Geld »umgesetzt« haben.[19] Frankreich plant bereits die Zerstörung von neuen Produkten zu verbieten.[20]

In Deutschland schreibt das »Kreislaufwirtschaftsgesetz« vor, Produkte wiederzuverwenden und nur zu vernichten, wenn sie gar nicht mehr zu gebrauchen sind. Allerdings gibt es keine Sanktionen, wenn sich jemand nicht daran hält.[21] Gesetze müssen also auch kontrolliert und durchgesetzt werden.

Waren für die Deponie

Und noch eine Entwicklung in der Wirtschaft lässt die Müllberge der Welt wachsen: Produkte, die sich nicht oder kaum reparieren lassen. Beispiel Smartphone: Der Akku ist häufig das Erste, was bei einem Handy den Geist aufgibt. Lange konnte man dann einfach einen neuen kaufen. Inzwischen sind in vielen Smartphones und anderen Produkten – die Akkus fest verbaut. Wenn das Gerät also nur noch wenige Stunden lang Saft hat, kauft man eben ein neues. Viele andere Produkte, allen voran Autos, sind so gebaut, etwa verklebt und verschweißt statt verschraubt, dass man kaum noch an das Innenleben herankommt, wenn etwas repariert werden muss, ohne das Produkt selbst zu zerstören. Andere Waren sind einfach so günstig oder nachlässig produziert, dass sie viel zu schnell kaputtgehen. Daher kommt der Spruch: »Wer billig kauft, kauft zweimal.« Denn was kaputt ist, muss ja häufig ersetzt werden. Ebenfalls in Frankreich wird künftig bestraft, wer absichtlich Produkte von minderwertiger Qualität herstellt. Das gilt dann als

Betrug, darauf stehen zwei Jahre Gefängnis und bis zu 300000 Euro Geldbuße.

Genauso könnte die Regierung festlegen, dass Produkte reparierbar sein müssen, dass Akkus wieder ausgetauscht und Geräte aufgeschraubt werden können. Und dass bestimmte Produkte aus Standardteilen gebaut sind. Sodass Werkstätten zum Beispiel nicht für jedes Automodell spezielle Ersatzteile brauchen, sondern die Komponenten, die es in jedem Wagen gibt, baugleich sein müssen.

Kommunen könnten sich außerdem für etwas einsetzen, was es in vielen Orten schon gibt: Die Möglichkeit, Dinge selber zu reparieren. In sogenannten Repair-Cafés und Offenen Werkstätten kann jeder seinen kaputten Toaster, den platten Fahrradreifen oder auch Computer und Handys reparieren, mit der Hilfe von Freiwilligen, die sich auskennen. Wie man Dinge repariert, bewusster einkauft und Müll vermeidet, könnte auch Teil des Schulunterrichts werden.[22]

Gesetze sind also gut, damit die, die es wollen, umweltbewusster leben können – und alle anderen es einfach müssen.

Zurück zur Natur!

Hast du schon von der Arabischen Oryx oder dem Seychellendajal gehört? Wahrscheinlich nicht. Wenn dich diese Antilope mit den nadelspitzen Hörnern[1] oder der Vogel, der mit Riesenschildkröten zusammenlebt[2], irgendwann interessieren, könntest du sie zumindest theoretisch einmal sehen, es gibt sie nämlich noch. Weil Regierungen sich konsequent für die Erhaltung dieser Arten eingesetzt haben, konnten diese und andere Tiere vor dem Aussterben bewahrt werden. Naturschutzgebiete helfen dabei. Weltweit sind 15 Prozent der Landmasse und sieben Prozent der Ozeane Naturschutzgebiete. Allerdings werden sie noch immer nicht konsequent geschützt, in vielen wird gewildert, werden Fische illegal gefangen oder Bäume gefällt.[3]

Es ist also möglich, wenn Menschen nur wollen: Vom Aussterben bedrohte Tierarten können gerettet werden, wenn es nur genug Naturschutzgebiete gibt, die auch wirklich geschützt werden. Und wenn Land und Gewässer, die von Menschen zugepflastert und verändert worden sind, der Natur wieder zurückgegeben werden. An der Unteren Havel in Brandenburg wird gerade das größte Renaturierungsprojekt Mitteleuropas[4] durchgeführt. Auf 90 Kilometern Länge werden Steinplatten vom Ufer entfernt, damit dort wieder Pflanzen wachsen und Tiere leben können. Deiche werden zurückgebaut, damit das Wasser wieder über die Ufer treten und zum Beispiel Hechte ihre Eier wieder auf überfluteten Wiesen ablegen können. Sogenannte Altarme, also stehende Gewässer, die ursprünglich mal zum Fluss gehörten, sollen wieder mit der Havel verbunden werden. Mehr als 1100 bedrohte Tierarten können dann in dem Gebiet wieder in Ruhe leben.

Zum natürlichen Lebensraum vieler Tiere gehört auch Sand. Dass Sand in viel zu großem Maß abgebaut und dadurch Lebensraum zerstört wird, haben wir schon geklärt (s. S. 53). Das Umweltprogramm der Vereinten Nationen fordert deshalb, statt neuem Sand altes Baumaterial zu verwenden, Gebäude nur noch zu bauen, wenn sie wirklich gebraucht werden[5], und den Abbau von Sand international zu regeln.

Genauso müssten weltweit noch viel mehr Flächen geschützt und der Natur zurückgegeben werden. Regenwälder, Mangrovenwälder und Moore[6] zum Beispiel sind wichtige CO_2-Speicher der Erde. Wenn wir sie endlich wirklich bewahren und dafür sorgen, dass sie sich wieder ausbreiten können, schützen wir damit nicht nur bedrohte Tierarten, sondern auch uns selbst.

Die Macht der Kunden

Natürlich muss nicht nur die Politik die Umwelt schützen. Enorme Umweltschäden werden von Unternehmen verursacht. Zum einen, weil wir gern billig kaufen, zum anderen, weil Unternehmen einen möglichst hohen Gewinn machen wollen. Beides geht meistens auf Kosten der Umwelt.

Die Politik kann Unternehmen mit Gesetzen zwingen und mit Subventionen oder geringeren Steuern motivieren, umweltfreundlicher zu handeln. Und wir Verbraucherinnen und Kunden können durch unser Kaufverhalten steuern, was hergestellt wird. Wenn weniger Menschen Produkte mit Palmöl, Wasser in Plastikflaschen oder große Autos mit unnötig großen Motoren und Benzinverbrauch kaufen, wird davon auch weniger produziert. Und weniger Regenwald wird für Palmplantagen gerodet, weniger Plastikmüll verursacht und weniger Benzin verbrannt.

Wenn sich die Kunden für Umweltschutz interessieren, ziehen auch die Konzerne nach.

Verschiedene Supermarktketten haben inzwischen angekündigt, auf manche Plastikverpackungen zu verzichten. Andere wollen für die dünnen Tüten im Gemüsebereich einen Cent nehmen. Ein symbolischer Preis. So sollen Kunden davon abgehalten werden, die kostenlosen Tüten aus dem Gemüsebereich für den Einkauf zu nutzen. Bei den dicken Plastiktüten hat das bereits funktioniert, davon nehmen Kunden weniger mit, seit sie Geld kosten (greifen dafür aber öfter zu den kostenlosen Gemüsetüten).[1]

Supermärkte und Lebensmittelproduzenten haben natürlich noch allerhand zu tun. Denn auch ohne Plastiktüten scheint in den Lebensmittelregalen noch immer mehr Kunststoff als Essen zu liegen. In Thailand zum Beispiel, das weltweit zu den größten Verursachern von Plastikmüll gehört, verpackt ein Supermarkt Gemüse statt in Plastiktüten in Bananenblätter.[2]

Das Unternehmen Bosch will seine 400 Standorte in der ganzen Welt ab 2020 klimaneutral betreiben, indem sie nur noch Strom aus erneuerbaren Energien nutzen und in Umweltprojekte investieren, um den CO_2-Ausstoß zu kompensieren, der sich nicht vermeiden lässt. Allerdings ist Bosch der größte Automobilzulieferer der Welt und arbeitet damit einer Industrie zu, die für einen hohen Anteil des weltweiten CO_2-Ausstoßes verantwortlich ist.[3]

Fluggesellschaften rechnen ihren Kunden bei der Ticketbuchung inzwischen vor, wie viel CO_2 während des jeweiligen Flugs ausgestoßen wird. Und wie sich dieser Ausstoß anderswo auf der Welt einsparen ließe. Kundinnen können dann zum Beispiel für neue Bäume oder die Anschaffung effizienter Feuerholz-Kocher in Kenia spenden. Der Vorteil: Reisenden wird klar, dass ihr Flug dem Klima schadet. Und Kenianer bekommen effizientere Kocher. Ein Freifahrtschein fürs Fliegen kann das aber natürlich nicht sein, wenn ab 2050 auf der ganzen Welt keine Emissionen mehr verursacht werden dürfen (s. S. 27).

Es ist aber ein Anfang. Kunden auf umweltfreundliches Verhalten hinzuweisen, also in eine bestimmte Richtung zu schubsen, nennt sich »nudging«[4] (engl. to nudge – schubsen). In vielen Hotelzimmern steht die Bitte, Handtücher mehr als einen Tag zu nutzen, um Wäsche, Wasser und Energie zu sparen. In Australien hängt in öffentlichen Duschen, etwa im Schwimmbad, der Hinweis, nicht länger als zwei Minuten zu duschen, denn auf dem Kontinent gibt es immer wieder lange Dürreperioden. Nudging wäre es auch, wenn bei Druckern das doppelseitige Drucken voreingestellt wäre oder der Kaffeebecher aus Pappe und Plastik ein paar Cent kosten würde. Letzteres passiert bereits auf einem Uni-Campus in England.[5]

Es gibt außerdem Banken und Fondsgesellschaften, die damit werben, besonders umweltbewusst zu arbeiten und zu investieren. Anleger können bei ihnen Fonds kaufen, die ausschließlich in »grüne« Firmen investieren und Unternehmen meiden, die mit fossilen Brennstoffen Geld verdienen.[6] Das machen inzwischen ungezählte Anleger, und sogar einige Städte und Institutionen wollen nicht mehr in Konzerne investieren, die der Umwelt schaden. Münster und Oslo, der Weltkirchenrat und die Stanford-Universität zum Beispiel haben sich diesem »Divestment« verpflichtet. So steigt der Druck auf Unternehmen, umweltbewusster zu arbeiten, wenn sie von Investorengeldern abhängig sind. Einige Konzerne spüren die Folgen der Klimakrise schon ganz direkt: Im heißen Sommer 2018 blieben bei Klamottenhändlern die Kunden aus. Und Versicherungsgesellschaften verlieren Geld, wenn sie für mehr Sturm- und Hochwasserschäden aufkommen müssen.[7]

Ein grüner Anstrich reicht nicht

Das ist alles noch lange nicht genug. Und viele vermeintliche Umweltschutzmaßnahmen von Unternehmen dienen vor allem der Werbung, weniger der Umwelt (sogenanntes »Greenwashing«). Energieversorger bieten zum Beispiel »Ökostrom« an, der aber in Wirklichkeit aus Kohle gewonnen wurde. Das ist legal, weil sie vorher Zertifikate für Ökostrom gekauft (s. S. 109) und den CO_2-Ausstoß damit heruntergerechnet haben.[8] Der Textilhändler H&M wirbt mit Kleidung aus wiederverwerteten Stoffen und Nylon in »ausgewählten Läden«. Tatsächlich besteht aber gerade mal ein halbes Prozent der Klamotten aus recycelten Fasern. In manchen Geschäften der Kette Zara hingen Blusen mit dem Etikett »100 % Organic« (»organic« meint in dem Fall

»biologisch angebaut«). Bio waren aber nur die Etiketten selber. Die Blusen bestanden aus Polyester.[9] Andere Hersteller, wie die von Nivea oder Palmolive[10], werben mit natürlichen Inhaltsstoffen oder dem Verzicht auf gefährliche Zusatzstoffe, verschweigen aber, dass dafür künstliche Konservierungsmittel und Farbstoffe in ihren Produkten stecken. Oder Hersteller bewerben ihre Produkte als »biologisch zertifiziert« und »nachhaltig«, obwohl diese Begriffe nicht geschützt sind und damit keinerlei Bedeutung haben. (Woran du nachhaltige und umweltfreundliche Produkte erkennst, erkläre ich auf S. 173.) Statt Millionen Euro für grüne Imagekampagnen auszugeben, sollten Unternehmen das Geld lieber in eine umweltfreundliche Produktion, faire Bezahlung und gute Qualität stecken.

Kreativ gegen die Klimakrise

Es gibt natürlich noch viel mehr, was für den Planeten und das Klima bereits getan wird – und noch getan werden muss. Um die Umwelt wirklich zu schützen, sind Kreativität und Erfindungsgeist gefragt.

Der Niederländer Boyan Slat war noch keine 18 Jahre alt, als er die ersten Ideen für »The Ocean Cleanup[1]« entwickelte. Das Projekt widmet sich Erfindungen, deren Ziel es ist, möglichst viel Plastikmüll möglichst kostengünstig aus dem Meer zu fischen. Dabei ziehen passive Systeme, angetrieben durch Wind und Wellen und die Strömung mehrere Hundert Meter lange Röhren über das Wasser, an denen eine Art drei Meter tiefer Vorhang herabhängt. So wird Plastikmüll an und nahe der Oberfläche eingesammelt und kann dann von Schiffen an Land gebracht werden. Allerdings vermuten Forscher, dass 70 Prozent des Plastikmülls im Meer bereits auf den Meeresboden gesunken ist. Den Müll wieder herauszufischen reicht also nicht. Wir dürfen ihn gar nicht erst ins Wasser gelangen lassen.

Dass möglichst kein Müll mehr entsteht, dafür setzt sich das Projekt »Cradle to Cradle« (kurz: C2C) ein. »Cradle« ist Englisch und bedeutet »Wiege«. Produkte sollen also nicht einfach verbraucht und dann begraben, sozusagen von der

Wiege bis zur Bahre verwendet werden, sondern ein neues Leben bekommen, wenn sie verbraucht sind.[2] Idealerweise würden alle Rohstoffe in einem ewigen Kreislauf immer wieder zu neuen Produkten verarbeitet werden. Eine kaputte Waschmaschine, die nicht mehr repariert werden kann, zerlegt man dann in ihre Einzelteile, verbaut manche Teile wieder und zerkleinert den Rest nach Kunststoffen, Metall und anderen Materialien getrennt, um schließlich aus diesen Rohstoffen wieder neue Waren herzustellen. Ein alter Pullover aus Naturmaterialien könnte kompostiert werden, damit auf der neuen Erde wieder Baumwolle wachsen oder Schafe weiden können. Dieses Buch, das du in den Händen hältst, wurde übrigens nach dem C2C-Prinzip produziert: Das Papier ist 100-prozentiges Recyclingpapier und die Farben sind auf Pflanzenölbasis hergestellt. Es wurden dafür also keine Bäume gefällt und es entstehen keine Abfälle. Wenn dieses Buch alt ist und von vielen Menschen gelesen wurde, landet es idealerweise im Altpapier, damit aus seinen Seiten neue Bücher entstehen können.

Die Idee von C2C ist aber erst ein Anfang und lässt sich im Moment kaum umsetzen. Es fehlen schlicht die Anlagen, um gebrauchte Produkte komplett zu zerlegen und wiederzuverwerten. Und noch sind wir weit davon entfernt, die Energie, die für jede Produktion notwendig ist, umweltverträglich herzustellen.

Doch manchmal lassen sich auch umweltschädliche Abfallprodukte noch sinnvoll nutzen. In Hessen sollen ab 2022 Züge mit Brennstoffzellen fahren. In der Zelle reagiert Wasserstoff mit Sauerstoff und produziert Strom, Wärme

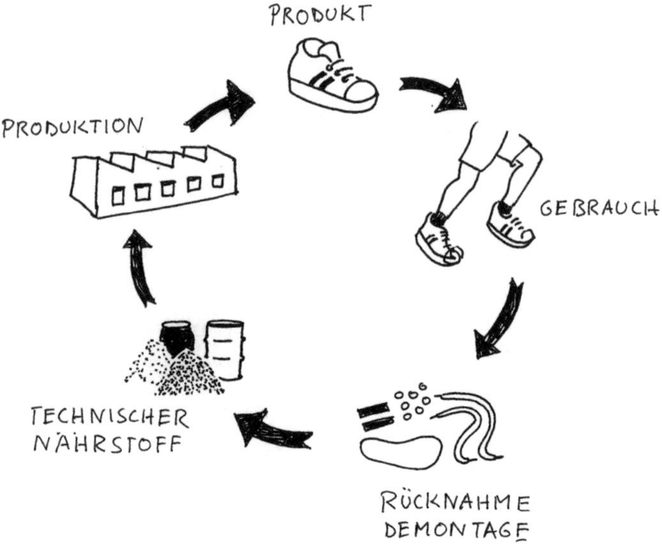

und Wasserdampf. Außerdem wird Bremsenergie und überschüssiger Strom aus der Brennstoffzelle in Batterien gespeichert. Zwar braucht die Herstellung reinen Wasserstoffs viel Energie, er fällt aber auch als Abfallprodukt chemischer Prozesse an.[3]

Rechenzentren mit Computern erzeugen unheimlich viel Wärme, die ein Unternehmen in Dresden nebenbei zum Heizen von Häusern nutzt.[4]

Und in Bremen arbeitet eine Firma daran, die Rotorblätter alter Windräder, die sich nur schwer oder bisher gar nicht recyceln lassen, für die Zementherstellung zu verwenden.[5]

Ingenieurinnen und Wissenschaftler tüfteln noch an vielen anderen Möglichkeiten, umweltfreundlicher zu leben, ohne auf etwas verzichten zu müssen, zum Beispiel an neuen Technologien und Treibstoffen. Britische Forscher entwickeln gerade eine Möglichkeit, aus Wasser und Sonnenenergie Treibstoff für Autos herzustellen.[6] In einem Fußballstadion in Nigeria wird Strom erzeugt, wenn die Spieler über den Rasen rennen. Spezielle Platten unter dem Gras wandeln die Tritte der Spieler in Strom um.[7]

Und weil es im Meer um Madagaskar nicht mehr genug Fische gibt, haben sich die Fischer etwas einfallen lassen: Sie züchten Algen und verkaufen sie nach Europa an die Lebensmittel- und Kosmetikindustrie.[8] Die Bewohner im Tiefland von Bangladesch, wo der steigende Meeresspiegel die Landwirtschaft kaputt macht (s. S. 16), haben sich ebenfalls Alternativen gesucht: Sie züchten jetzt Garnelen. Oder sie bauen Obst und Gemüse in schwimmenden Gärten an.[9]

Auch viele Start-ups lassen sich etwas einfallen: Leaf Republic stellen zum Beispiel Verpackungen aus Blättern einer asiatischen Pflanze her. Die müssen zwar auch erst einmal hertransportiert werden, können aber wenigstens nach der Benutzung auf dem Kompost landen.[10] Eine bayrische Firma bietet an, Obst und Gemüse quasi zu tätowieren, sodass keine Plastikverpackung mehr nötig ist, um sie als Biolebensmittel zu markieren.[11] Ein Hamburger Start-up entwickelt eine Plattform, auf der Altplastik gehandelt wird.[12]

Ein anderes will Verpackungen aus Pflanzenresten herstellen, die bei der Ernte anfallen.[13] Noch eins stellt Waschbeutel für Kleidung aus Kunststofffasern her, die Mikroplastikfasern auffangen.[14] Ein Start-up aus Niedersachsen verarbeitet Milchreste, die nicht zum Verzehr geeignet sind, zu Fasern, aus denen beispielsweise Kleidung hergestellt werden kann.[15] So müssen die Milchreste nicht weggeworfen werden, und die Produktion verbraucht viel weniger Wasser als etwa der Baumwollanbau. Zwei österreichische Erfinder haben eine Maschine entwickelt, die schneller und energieeffizienter als bisher Kunststoffmüll zu Pellets verarbeitet, aus denen neue Produkte hergestellt werden können.[16]

Andere Wissenschaftlerinnen forschen daran, die Sonnenstrahlung künstlich zu reflektieren, indem zum Beispiel kleine Partikel in der Atmosphäre verteilt[17] oder Billionen Scheiben Richtung Sonne geschossen werden.[18] Ob diese Ideen aus dem sogenannten Geoengineering das Klimaproblem lösen können oder uns eher noch mehr Probleme bereiten, wissen wir aber noch nicht.

Um solche Erfindungen zu fördern, engagieren sich verschiedene Projekte, Vereine und Unternehmen und verleihen zum Beispiel Preise.[19] Außerdem gibt es für Erfindungen und Start-ups staatliche Förderungen. Wer kreativ ist und das nötige Wissen hat oder sich aneignet, kann mit neuen Erfindungen also nicht nur die Umwelt schützen, sondern auch Geld verdienen und Arbeitsplätze schaffen.

*

Die Maßnahmen, die bisher im Gespräch sind, reichen aber kaum, um die Klimaziele von Paris einzuhalten. Und diese Ziele wiederum reichen nicht aus, um die Überhitzung unserer Erde auf 1,5 Grad zu begrenzen.[20] Dafür müsste noch mehr geschehen. Vor allem müssen wir umdenken und andere Prioritäten setzen. Wirtschaftliches Wachstum darf nicht mehr das oberste Ziel unseres Handelns sein. Stattdessen müsste neben dem konsequenten Schutz unserer Welt der Erhalt unseres Wohlstands (statt dessen Vermehrung) und der Aufbau dieses Wohlstands in anderen Ländern höchste Priorität haben. Denn auch die Menschen in Entwicklungsländern wollen besser leben. Besser leben heißt zunächst auch mehr Ressourcenverbrauch, mehr Umweltzerstörung. Doch wenn Menschen erst einmal genug Essen, Kleidung und Gesundheitsversorgung haben, kümmern sie sich auch mehr um die Umwelt. Bis dahin müssen wir mit gutem Beispiel vorangehen, weniger verschwenden und weniger zerstören.

Deutschland bewegt sich dabei in die richtige Richtung. 2018 haben wir im Vergleich zu 2017 insgesamt 4,5 Prozent weniger Treibhausgase ausgestoßen.[21] Der Grund: Weil weniger Regen fiel, waren die Flüsse für viele Öl- und Kohlefrachter nicht befahrbar, Öl und Kohle wurden teurer, die Menschen tankten weniger. Und weil es so heiß war, wurde auch weniger geheizt. Absurd eigentlich, dass die Ursache für den geringeren CO_2-Ausstoß in der Klimakrise lag.

Insgesamt ist der CO_2-Ausstoß, den Deutschland verursacht, im Vergleich zu 1990 um 30,8 Prozent gesunken.[22] Das ist gut, nur leider nicht schnell genug.

Versuche mal ein kleines Experiment: Nimm dir eine Stoppuhr oder dein Handy. Stell den Timer auf 30 Sekunden. Und nun stell dir vor, jemand läuft mit verbundenen Augen auf einen Abgrund zu. Erst wenn der Timer abgelaufen ist, kannst du losrennen und den Menschen aufhalten.

Schwer auszuhalten, oder?

Das ist nur ein Beispiel, aber es macht deutlich: Die Uhr tickt. Wir wissen um die Gefahr, die uns Menschen droht, aber statt das Steuer herumzureißen, zögern wir und denken, noch hat es ja nicht geknallt.

Anstatt sich wirklich für den Planeten einzusetzen, streiten die Menschen darüber, wo Stromtrassen, Windräder und Solarparks gebaut werden dürfen. Die Regierung kann sich nicht darauf einigen, den CO_2-Ausstoß angemessen zu besteuern oder Verbrennungsmotoren sofort zu verbieten, obwohl das alles Energie und damit CO_2 sparen würde.[23] Und international schaut jeder lieber darauf, dass die Menschen in anderen Ländern ja viel umweltschädlicher leben – statt öfter mal im eigenen Zuhause das Licht auszuschalten oder Fahrrad zu fahren.

Es wird Zeit, dass wir alle unseren Umgang mit der Umwelt radikal ändern. Jeder kann etwas tun. Auch du.

TEIL 3 –
WIE DU DIE WELT RETTEST

Energie – Gewusst wie!

Die meiste Umweltverschmutzung entsteht bei der Erzeugung von Strom und Wärme (s. S. 31). Und ein Viertel der Energie, die jeder Mensch in Deutschland verbraucht, wird im eigenen Zuhause genutzt. Hier kannst du schon einiges einsparen.

So verbrauchst du im Haushalt weniger Strom:

Strom besser (nicht) nutzen

Drücke öfter mal auf den Aus-Schalter. Lasse den Fernseher oder Computer nicht nebenbei laufen. Wenn niemand im Zimmer ist, schalte das Licht aus. Übrigens verbrauchen Geräte auch im Stand-by-Modus Strom, wenn also die kleine rote Lampe am Fernseher oder DVD-Player noch leuchtet. Wenn du alle elektronischen Geräte in eine Steckdosenleiste mit Schalter steckst, kannst du ihnen mit einem Schalterdruck den Strom abdrehen. Das gilt auch für

Geräte mit Akkus wie elektrische Zahnbürsten, Rasierapparate oder das Handy. Die sollten nur eingesteckt sein, wenn sie geladen werden müssen. Denn ein voller Akku zieht weiterhin Strom, auch wenn er ihn nicht braucht.[1]

Es muss nicht immer der größte sein. Je größer die Bildschirmdiagonale bei Fernseher oder Monitor, desto höher der Stromverbrauch.[2] Wenn du Monitore etwas dunkler einstellst, verbrauchen sie auch weniger Energie. Notebooks brauchen übrigens weniger Strom als Computer, sind aber für die meisten Anwendungen genauso leistungsfähig. Und: Nutze die Energiesparoptionen der Geräte.

Verwende Energiesparlampen – oder besser noch LED-Lampen. Die verbrauchen weniger Strom und halten länger als Energiesparlampen und Glühbirnen.[3] Aber wenn du noch normale Glühlampen zu Hause hast, solltest du die natürlich erst mal aufbrauchen.

Wände solltest du in hellen Farben streichen, so reflektieren sie mehr Licht und du musst abends erst später die Lampen einschalten.

Lass Waschmaschine und Geschirrspüler lieber nachts laufen und Handys nachts laden. Am späten Nachmittag und frühen Abend verbrauchen wir insgesamt den meisten Strom, wenn nach Feierabend die Fernseher laufen und das Essen auf dem Elektroherd steht. Wenn dann der Ökostrom nicht reicht, wird bisweilen mit Strom aus Kohle und Atom zugefüttert, selbst wenn du Ökostrom gekauft hast.[4]

Haare trocknen auch an der Luft, den Stromfresser Fön kannst du dir sparen.

Übrigens verbraucht auch das Internet Strom und verursacht dabei in etwa so viel CO_2-Ausstoß wie der weltweite Flugverkehr. Wenn du nur eine Sekunde lang googelst, wird so viel CO_2 freigesetzt, dass 23 Bäume nötig sind, um die Emissionen wieder zu binden.[5] Und es verbraucht sogar Strom, wenn du gerade gar nicht im Internet bist. Denn alles, was du online, also auf anderen Servern und nicht auf deiner eigenen Festplatte gespeichert hast, braucht Energie. Du kannst daher Strom sparen, indem du das Internet weniger nutzt und ein Buch liest statt einen Film zu streamen oder tatsächlich – ganz 90er! – in einem Lexikon blätterst oder einen Menschen fragst statt Google. Bis zu zehn Gramm CO_2-Ausstoß verursacht eine Suchanfrage bei Google. Bei mindestens 63000 Suchanfragen pro Sekunde kommt da einiges zusammen.

Und: Lösche alte Mails. Damit wird Speicherplatz in den Serverfarmen der Mailanbieter frei – und weniger Server fressen weniger Strom.[6]

Lass die Muskeln spielen

Viele Haushalts- und Gartenhelfer gibt es auch als stromlose Alternative. Statt eines elektrischen Rührgeräts nutze einfach Schneebesen, Quirl oder Löffel. Statt eines Laubbläsers nimmst du Harke oder Besen, auch Rasenmäher gibt es als stromlose Variante. Das ist zwar anstrengender, bringt aber Kraft in die Oberarme.

Und wenn du die Treppe nutzt, statt den Fahrstuhl, tust du auch noch was für deine Beinmuskeln.

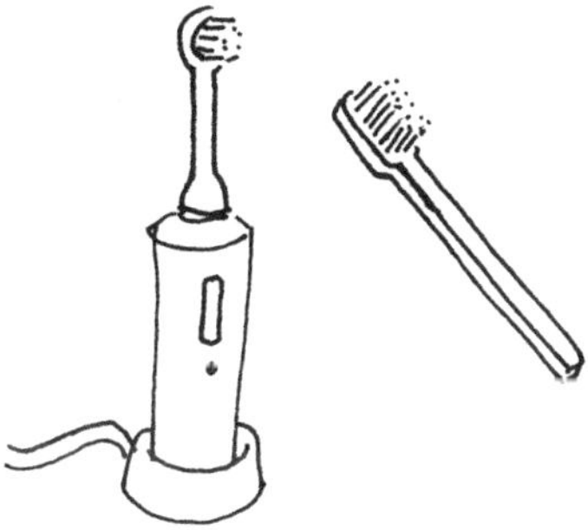

Klüger kühlen und kochen

Stelle den Kühlschrank an einem kühlen Ort auf und rücke ihn etwas von der Wand ab, damit warme Luft entweichen und der Rückkühler gut arbeiten kann.

Die Tür immer nur kurz öffnen, damit möglichst wenig warme Luft hineinströmt, die dann wieder heruntergekühlt werden muss. Und stelle keine heißen Speisen in den Kühlschrank, auch da muss er mehr arbeiten, um das Essen zu kühlen.

Ein vereister Kühlschrank verbraucht mehr Energie, also taue ihn lieber gelegentlich ab. Den Stecker zu ziehen lohnt sich auch, wenn du länger unterwegs bist (Tür offen stehen lassen, sonst schimmelt es).

Verzichte auf einen Gefrierschrank, ein Gefrierfach reicht meistens aus.

Stelle Kühlgeräte nicht zu kalt ein, acht Grad im Kühlschrank und minus 18 Grad im Gefriergerät reichen aus.

Auch Mikrowellen sind Stromfresser, für die es bessere Alternativen gibt. Essen lässt sich auch auf kleiner Flamme auf dem Herd aufwärmen. Eingefrorene Lebensmittel kann man auch an der Luft auftauen (dauert nur etwas länger).[7]

Oder lass gefrorene Lebensmittel im Kühlschrank auftauen, wenn du die Zeit dazu hast. Dann geben sie die Kälte an den Kühlschrank ab.

Decke beim Kochen Töpfe und Pfannen mit einem Deckel ab, das spart Energie und verkürzt die Kochzeit. Auch Schnellkochtöpfe sparen Zeit und Energie.

Wasser muss das Gemüse nur knapp bedecken. Heize Kochplatten nur zu Beginn auf, danach auf niedriger Stufe weiterkochen und vor Ende des Kochgangs ausschalten, die Restwärme reicht noch aus.[8]

Im Backofen spart Umluft im Vergleich zu Ober- und Unterhitze bis zu 40 Prozent der Stromkosten. Außerdem solltest du die Tür beim Backen zulassen, bei jedem Öffnen entweicht sonst ein Drittel der Energie.

Wasserkocher sind sparsamer als der Herd. Fülle den Kocher nur mit so viel Wasser, wie du wirklich brauchst.[9]

Brötchen vom Vortag kannst du auf dem Toaster aufbacken statt im Backofen, jedenfalls wenn es nur wenige sind, die kein ganzes Ofenblech füllen.

Und Kaffee solltest du in der Thermoskanne warm halten statt auf einer Warmhalteplatte.

Wenn du einen neuen Kühlschrank, Herd oder ein anderes Haushaltsgerät anschaffst, achte auf die Energieeffizienzklasse. A+ ist besser als B, je mehr Plus, desto energieeffizienter arbeitet das Gerät. Achte außerdem auf den Jahresenergieverbrauch. Über Produkte und ihre Umweltfreundlichkeit kannst du dich hier informieren: www.blauer-engel.de/de/produktwelt. »Der Blaue Engel« zeichnet übrigens auch andere besonders umweltfreundliche Produkte aus.[10]

Kaufe ein Gerät nicht größer als nötig und verzichte auf unnütze Zusatzfunktionen. Eine Einzelperson braucht keine 10-Kilo-Waschmaschine und ein Eiswürfelspender am Kühlschrank ist zwar cool, Eiswürfel sind aber auch im Gefrierfach schnell gemacht.

Heizen für die Klimakrise

So sparst du Energie und Heizkosten: Statt die Heizung aufzudrehen, ziehe lieber einen Pulli über. Heize auf nicht mehr als 20 Grad Zimmertemperatur, nachts reichen 15 Grad.

Stopfe alle Löcher, durch die es zieht. Der Schlitz unter der Wohnungstür oder unter Fenstern, sogar nicht genutzte Briefkastenschlitze in den Türen. Lücken lassen sich mit altem Zeitungspapier stopfen, vor Spalten unter

Türen und Fenstern kannst du alte Decken rollen und für schlecht schließende Fenster gibt es Schaumstoffdichtungen im Baumarkt.

Sobald es dunkel wird, Jalousien herunterlassen oder Vorhänge zuziehen, das hält ebenfalls die Wärme drinnen. Heizkörper aber nicht mit Vorhängen oder gar Möbeln verdecken, sonst muss die Heizung mehr heizen, um das Zimmer warm zu bekommen.

Drehe die Heizung nachts herunter, schalte sie aber nicht ganz ab, sonst braucht sie morgens viel Energie, um das Zimmer wieder aufzuwärmen.[11]

Nicht bei offenem Fenster heizen (oder gar Heizstrahler draußen verwenden). Öffne Fenster zum Lüften lieber kurz und ganz weit (stoßlüften). In Bad und Küche sollte das täglich gemacht werden, damit kein Schimmel entsteht. Zimmertüren während des Lüftens schließen.[12]

Thermostatventile schalten die Heizung herunter, sobald die gewünschte Raumtemperatur erreicht ist. Es gibt auch elektronische Thermostatventile, die man programmieren kann. So ist es warm, wenn man morgens aufsteht, abends schaltet sich die Heizung automatisch ab. Die Ventile gibt es für rund 20 Euro, und du kannst sie ganz leicht aufschrauben. Wenn du die Heizung außerdem regelmäßig entlüftest, verbraucht sie weniger Energie.

Stelle Durchlauferhitzer oder Boiler nur auf 60 Grad ein. Und wenn du länger weg bist, schalte sie einfach ab, auch über Nacht.

Und – wenn du überhaupt eine besitzt – benutze keine Klimaanlage. Wirklich nicht. Die kühlen zwar dein Zimmer, heizen aber die Klimakrise an. Nicht nur der Stromverbrauch verursacht Emissionen, das Treibhausgas Fluorkohlenwasserstoff (FKW), das in Kühlgeräten verwendet wird, ist mehr als 12000 Mal klimaschädlicher als CO_2.[13] Schalte lieber Geräte im Zimmer ab, die Hitze verursachen, etwa den Fernseher. Verdunkle tagsüber die Fenster und lüfte erst abends. Und zur Not tut es auch ein Ventilator.[14]

Wasche weniger (warm)

An Waschmaschinen kann man noch immer 90 Grad einstellen. Das ist aber unnötig und verbraucht Unmengen Energie. Wäsche wird auch bei 30 oder 40 Grad sauber. Nur einmal im Monat sollten Handtücher und Unterwäsche heiß gewaschen werden. Das tötet Keime ab, die sich in der Trommel sammeln. Und nutze keine Kurzprogramme, die verbrauchen besonders viel Energie.

Wenn du nicht gerade in ihnen Sport gemacht oder schwer gearbeitet hast, kannst du Klamotten mehrmals tragen, sie müssen nicht sofort in die Wäsche. Dann halten sie auch länger. Bügeln musst du die meiste Kleidung auch nicht, außer vielleicht Hemden und Bügelfaltenhosen. Aber wie oft trägst du die schon?

Dosiere Spülmittel für Waschmaschine und Geschirrspüler immer genau, besser weniger als zu viel. Kaufe lieber Reinigungsmittel ohne Phosphate und Mittel mit dem EU-Umweltzeichen.[15]

Lass die Waschmaschine nur komplett gefüllt laufen. Gilt natürlich auch für Geschirrspülmaschinen.

Und verzichte auf den Wäschetrockner. Die Wäsche trocknet auf einem Wäscheständer ganz von allein. Beim Trocknen in der Wohnung viel stoßlüften, sonst kann es wegen der hohen Luftfeuchtigkeit an den Wänden schimmeln.[16]

Weniger Wasser verbrauchen

Das meiste Wasser fließt im Bad durch den Abfluss. Rund 200 Liter Wasser verbraucht jeder Europäer im Durchschnitt pro Tag. In Deutschland sind es nur 121 Liter – wir sind also schon gut dabei. Dazu kommen allerdings täglich fast 4000 Liter »virtuelles Wasser« pro Person, so viel wie in einen Whirlpool passt. Das ist Wasser, das verbraucht wurde, um die Lebensmittel und Produkte herzustellen, die wir konsumieren[17], also etwa für Fleisch (s. S. 39) oder ein Baumwollshirt (s. S. 50).

Aber auch Wasser lässt sich im Haushalt leicht einsparen:

Lass beim Händewaschen, Geschirrspülen und Zähneputzen das Wasser nicht laufen. Für einen Spülgang unter fließendem Wasser verbraucht man etwa 30 Liter. Mehr als doppelt so viel wie ein Mensch in einer Woche trinkt. Deswegen: Geschirr lieber im gefüllten Spülbecken spülen, mit warmem, nicht heißem Wasser. Zuerst Gläser und Besteck, dann schmutzigeres Geschirr. Das seifige Geschirr wird später in einem Becken mit klarem Wasser abgespült und an der Luft getrocknet. So sparst du auch noch das Waschen von Geschirrtüchern.

Wasche auch Obst und Gemüse in einer Schüssel statt unter fließendem Wasser.

Geschirrspüler verbrauchen nur die Hälfte des Wassers. Allerdings solltest du das Geschirr (mit dem Messer von Essensresten befreit) direkt in den Geschirrspüler stellen und nicht vorher abspülen.

Spare dir und der Umwelt das Vollbad. Sauber wirst du auch unter der Dusche. Dusche möglichst nicht länger als fünf Minuten und drehe das Wasser beim Einseifen ab. Nimm das mit dem Einseifen ruhig wörtlich: Nimm Seife, kein Shampoo. Das spart Plastikmüll und Mikroplastik, das immer noch in manchen Shampoos verwendet wird. Viele Shampoos enthalten außerdem Silikone und andere Chemikalien, die das Abwasser unnötig belasten. Verzichte deswegen auf Peelings, Duschgels oder Zahnpasten, die Kunststoffe enthalten (z. B. Polyethylen).[10]

Das Duschen wird noch umweltfreundlicher, wenn du einen wassersparenden Duschkopf benutzt. Der kostet etwa 20 Euro, kann aber im Jahr 180 Euro Energiekosten einsparen. Durchflussbegrenzer für den Wasserhahn gibt es für wenige Euro, sie sparen rund die Hälfte der üblichen Wassermenge und lassen sich einfach auf die Armaturen aufschrauben.

Es ist ein alter Trick, aber er hilft noch immer: ein Ziegelstein oder etwas Ähnliches im Wasserkasten der Toilettenspülung. So füllt sich der Tank mit weniger Wasser und pro Spülung wird weniger verbraucht. Eine Stopp-Taste, mit der du den Wasserfluss einfach unterbrechen kannst, ist natürlich besser.

Und zum Händewaschen und Zähneputzen reicht auch kaltes Wasser.

Wenn ihr einen Garten habt, verwendet die gute alte Regentonne. So könnt ihr Regenwasser zum Gießen, zum Planschen im Sommer und zum Geschirrspülen verwenden, oder um das Auto zu waschen (aber nicht im Garten wegen des Öls!). Wer ein eigenes Haus hat, kann Regenwasser sogar für die Toilettenspülung nutzen.

Wenn du Wasser sparst, sparst du natürlich gleichzeitig Energie. Denn Abwasser wieder zu Trinkwasser aufzubereiten, es in die einzelnen Haushalte zu transportieren und bei Bedarf auch noch zu erwärmen verbraucht natürlich auch Strom. Das Aufwärmen von Wasser macht im Haushalt etwa 12 Prozent des Energieverbrauchs aus.[19]

Energie nutzen für Fortgeschrittene

Ganz ohne Strom geht es nicht (oder schwieriger), aber du kannst darauf achten, wo dein Strom herkommt. Ökostrom ist ein guter Anfang, oft stammt aber nur ein Teil des Stroms aus erneuerbaren Energien. Oder statt Strom aus Wind- und Sonnenkraft anzubieten, kaufen Stromerzeuger einfach Emissionszertifikate. Strom mit dem Label »Grüner Strom« oder »OK Power« gilt als nachhaltig und wird vom Umweltbundesamt empfohlen. Und je mehr Menschen Ökostrom verlangen, desto mehr Strom aus erneuerbaren Energien müssen Energieversorger bereitstellen. Informationen gibt es auf www.oekostrom-anbieter.info.

Wer das Geld hat und das passende Dach, kann Solarpanels aufschrauben oder eine Wärmepumpe installieren. Wer ein eigenes Haus hat, sollte außerdem regelmäßig die Heizung modernisieren, das wird sogar vom Staat gefördert.[20]

Es lohnt sich auch, das Haus zu dämmen. Was die Herstellung des Dämmmaterials an Emissionen freisetzt, wird beim geringeren Heizen wieder eingespart. Das Gleiche gilt für die Kosten, denn weniger Heizen spart natürlich das Geld, das für die Dämmung ausgegeben werden musste.

Am einfachsten ist es, erst einmal die Fenster zu kontrollieren, darüber geht nämlich die meiste Wärme verloren. Fenster mit Doppelverglasung halten Wärme im Haus.

Auch wer als Mieter eine neue Wohnung sucht und die Wahl hat, sollte ebenfalls auf gute Dämmung und doppelverglaste Fenster achten.

Verkehr – Schlauer unterwegs

Wer sich aus eigener Kraft fortbewegt, bewegt sich natürlich am umweltfreundlichsten. Also zu Fuß, auf dem Fahrrad oder Skateboard. Gesund ist es sowieso. Und wer sich morgens schon an der frischen Luft bewegt hat, kann sich dann in der Schule oder bei der Arbeit besser konzentrieren.

Wenn du öfter Strecken zurücklegen musst, die wirklich nicht mit dem Fahrrad zu machen sind, brauchst du trotzdem nicht gleich ein eigenes Auto. Für regelmäßige Fahrten zu Schule, Uni oder Job könntest du Fahrgemeinschaften bilden und dich an den Benzinkosten beteiligen. Oder du teilst dir beim Carsharing einfach ein Auto mit anderen Menschen. Dabei wirst du Mitglied bei einem Carsharing-Anbieter (das geht oft auch ohne monatliche Gebühr), kannst jederzeit ein Auto nutzen und zahlst z. B. pro Stunde und Kilometer. Das schont die Umwelt, weil weniger Parkplätze gebraucht werden und du ein Auto, das du erst an einer Station abholen musst und für das jedes Mal Geld fällig wird, wahrscheinlich wirklich nur nutzt, wenn es nicht anders geht. Carsharing ist für dich günstiger als ein eigenes Auto, wenn du nicht mehr als 10 000 Kilometer pro Jahr fährst.[1] Carsharing wird allerdings schnell sehr teuer, wenn du die Stadt verlässt und das Auto nicht so schnell wieder zurückgeben kannst. Dann lohnt sich die Fahrt über eine Mitfahrzentrale (findest du im Internet). Die vermittelt dir einen Platz bei jemandem, der sowieso im eigenen Auto fährt. Du zahlst nur einen Anteil an den Benzinkosten.

Weite Strecken fährst du noch klimafreundlicher mit dem Zug (oder zur Not mit dem Bus). Es gibt zwar noch viele Diesel-Loks, 90 Prozent aller gefahrenen Personenkilometer sind aber elektrisch.[2] Außerdem fahren immer mehr Züge mit Ökostrom.[3]

Auf Flugreisen solltest du ganz verzichten, denn ein Flug verursacht mehr Treibhausgase, als du mit allem klimafreundlichen Verhalten und Konsum in anderen Bereichen einsparen könntest.[4] In Europa kommt man auch mit dem Zug überall hin. Gerade Flüge in Deutschland sind nicht viel schneller als die Bahn, denn du musst ja erst zum Flughafen kommen, eine Stunde vor Abflug dort sein und alle Sicherheitskontrollen über dich ergehen lassen. In die Bahn steigst du einfach ein, holst Buch oder Kopfkissen raus und lehnst dich zurück, bis du (hoffentlich pünktlich) angekommen bist.

In den Urlaub zu fahren (statt zu fliegen) macht die Anreise zum Abenteuer. Man kommt nämlich auch mit dem Zug nach Spanien, Kroatien oder Thailand. Es dauert nur länger. Und auf der Reise, die nach Spanien zwei Tage, nach Thailand etwa zwei Wochen dauert, kannst du interessante Menschen kennenlernen, beobachten, wie sich Landschaften verändern – und spannender als ein simpler Flug ist es allemal.

Wie du richtig Auto fährst

Wenn du selber Auto fährst, kannst du dabei trotzdem Emissionen sparen, indem du bewusst fährst: Nämlich frühzeitig hochschalten, bei Tempo 30 in den dritten, bei Tempo 50 schon in den fünften Gang. Das spart Sprit und schont den Motor. Und natürlich: Den Motor nicht laufen lassen, nicht an Ampeln oder Bahnübergängen und schon gar nicht zum Warmlaufen. Auf der Autobahn nicht rasen. Über Tempo 100 steigt der Spritverbrauch drastisch an, außerdem musst du beim schnellen Fahren eher bremsen und verschleißt deine Reifen schneller. Gefährlicher ist es außerdem.

Alles, was im Auto Strom braucht, verbraucht Treibstoff. Vor allem eine Klimaanlage erhöht den Verbrauch um bis zu zwei Liter auf 100 Kilometer. Wer weniger im Kofferraum mit sich herumfährt, spart auch Benzin.[5]

Und wenn du ein neues Auto kaufst, solltest du auf Spritverbrauch und Emissionswerte achten.

Richtig Urlaub machen

Und noch ein paar Worte zu deiner nächsten Urlaubsreise: Gehe im Winter nur Ski fahren, wenn auch richtiger Schnee liegt und die Pisten nicht mit Kunstschnee besprüht werden müssen (s. S. 38). Sonst solltest du verzichten.

Halte beim Tauchen Abstand zu Korallen und Fischen, sie sind auch aus zwei Meter Entfernung noch schön.

Und vor allem: Kaufe nichts, was aus bedrohten Arten gemacht wurde, selbst wenn es im Urlaub scheinbar legal zu kaufen ist. Also kein Elfenbein, keine Korallen, Muscheln oder Seepferdchen, keine Felle oder Knochen.[6] Auch die Einfuhr von Schlangenhaut oder Medizin aus Tigerknochen ist verboten. Lass am besten alle Tiere und Pflanzen in ihren Ländern.[7] Und bring lieber Fotos mit, oder Handarbeiten, das hilft auch den Menschen vor Ort. Vom WWF gibt es übrigens einen Souvenirratgeber: www.wwf.de/aktiv-werden/tipps-fuer-den-alltag/umweltvertraeglich-reisen/wwf-souvenirfuehrer.

Iss nichts von bedrohten Tierarten, also keine Haifischflossen, Schildkröten und auch kein Delfinfleisch.[8] Verzichte auf Fotos mit Wildtieren, selbst wenn die auf Instagram oder Facebook hübsch aussehen. Denn solange Touristen sich mit Wildtieren ablichten lassen, werden sie weiterhin – oft als Jungtiere – gefangen und ihre Mütter getötet. Das Gleiche gilt für das Elefantenreiten. Die Tiere leiden. Aber solange mit ihnen Geld gemacht wird, werden sie weiterhin gefangen, selbst wenn sie vom Aussterben bedroht sind.

Ernährung – Besser essen, für dich und die Welt

Dass die Art, wie die meisten unserer Lebensmittel entstehen, unheimlich viele Umweltschäden anrichtet, haben wir schon geklärt (s. S. 39). Umso wichtiger ist es, bewusst zu essen. Das ist auch noch gesund. Und wenn man es richtig macht, sogar richtig lecker.

Zurück zum Sonntagsbraten

Eine bessere Ernährung ist eine der wirksamsten Waffen gegen die Klimakrise. Das heißt: viel weniger Wurst und Fleisch (oder gar keins). Nicht mehr als 300 bis 600 Gramm pro Woche[1] gelten als gesund. Das ist etwa so viel wie ein sehr großes Steak pro Woche. Früher – also etwa zur Zeit deiner Groß- und Urgroßeltern – aß man nur einmal pro Woche Fleisch. Daher stammt der Begriff »Sonntagsbraten«. Außerdem sollten wir nur noch halb so viele Milchprodukte und Eier essen wie es die meisten von uns gewohnt sind (oder gar keine), dafür mehr Gemüse, Hülsenfrüchte und Nüsse.[2] Das fordert auch der Weltklimarat.[3] Weltweit könnte dadurch so viel Fläche eingespart (und für Wildtiere freigegeben werden) wie die USA, China, die EU und Australien zusammen.[4]

Bis 2050 wird es mehr als zwei Milliarden Menschen mehr auf der Welt geben. 10 Milliarden Menschen können nur ernährt werden, wenn wir ausschließlich zu besonderen Anlässen Fleisch essen. Ganz auf tierische Produkte verzichten müssen wir aber nicht. Denn Tiere, die wiederkäuen – hauptsächlich Kühe – fressen viel Gras, was wiederum Grünflächen für die Wirtschaft nützlich und schützenswert macht.[5]

So richtig durchgesetzt hat es sich noch nicht, doch wer auf Fleisch, aber nicht auf Proteine verzichten will, kann auch Buletten aus Insekten essen. Und wer noch weiter gehen will, stellt sich eine Wurmkiste in die Küche. Die Tierchen leben von kompostierbaren Küchenabfällen und sind geröstet auf der Pizza oder im Reis angeblich ganz lecker.[6]

Und weil das Rindersteak oder die Grashüpferbulette auf dem Grill noch besser schmeckt, solltest du nur Grillkohle mit FSC-/PEFC-Siegel verwenden, die kommt aus nachhaltiger Holzwirtschaft.[7] Und nur chemiefreie Grillanzünder – oder einfach altes Papier.

Kaufe bio

Ökologische Betriebe verbrauchen nur halb so viel Energie pro Hektar – oder noch weniger – als die herkömmliche Landwirtschaft und setzen auch weniger Treibhausgase frei. Sie verwenden nämlich keinen mineralischen Stickstoffdünger, der im Boden klimaschädliches Lachgas freisetzt. Auch die ökologische Tierhaltung verbraucht weniger Energie als die konventionelle. Dadurch fallen die Erträge in der Bio-Landwirtschaft allerdings kleiner aus, Bio-Bauern und -Bäuerinnen brauchen also mehr Land für die gleiche Ernte. Insgesamt arbeiten sie trotzdem umweltfreundlicher, belasten zum Beispiel die Umwelt weniger mit Chemikalien[8] (s. S. 119).

Von hier und von heute

Kaufe außerdem möglichst nur Lebensmittel, die gerade Erntezeit haben (saisonal), nicht weit transportiert werden mussten (regional) und außerdem möglichst wenig verarbeitet sind (original). Die tiefgekühlte, in Plastik und Pappe verpackte Fertigpizza mit Ananas aus Thailand und Hühnchen aus Massentierhaltung, die in einer Fabrik am anderen Ende Deutschlands hergestellt wurde, hat natürlich wesentlich mehr Energie verbraucht und Emissionen für Produktion und Verpackung verursacht (und Tierleid) als die selbst gebackene Pizza mit Mehl und Gemüse aus der Region.

Im Internet findest du Erntekalender (zum Beispiel unter www.regional-saisonal.de/saisonkalender), auf denen du sehen kannst, welches Obst und Gemüse gerade in Deutschland geerntet wird und worauf du im Moment lieber verzichten solltest.

Wer eine sogenannte Bio-Kiste von einem Landwirtschaftsbetrieb aus der Nähe abonniert, bekommt regelmäßig Bio-Obst und -Gemüse aus der Region geliefert, das gerade Erntezeit hat. Also keine Ananas oder Bananen und auch keine Erdbeeren im Winter. Dafür Blaubeeren im Sommer und Weißkraut zu Weihnachten. Wer damit nichts anfangen kann, bekommt für ungewohntes Gemüse Rezepte dazu und lernt so neue Gerichte kennen.

So ähnlich funktioniert solidarische Landwirtschaft. Dabei trägst du gemeinsam mit anderen Mitgliedern die Kosten eines landwirtschaftlichen Betriebs. Und bekommst dafür im Gegenzug einen Anteil der Ernte. So spürst du selber, wenn das Wetter gut und die Ernte reichlich war, dann bekommst du nämlich mehr Essen für dein Geld. Genauso erlebst du, wenn ein Jahr nicht so erfolgreich war, und teilst damit die Verluste der Bauern. Deswegen eben: solidarisch.

Wenn du einen Balkon oder Garten hast, kannst du Salat, Kartoffeln, Paprika und andere Lebensmittel natürlich auch selber anbauen und am besten mit aufgefangenem Regenwasser gießen. Selbst auf einem Fensterbrett lassen sich Kräuter, Chilischoten und Cocktailtomaten ziehen.

Und: Kaufe nur die Menge an Lebensmitteln, die du wirklich essen kannst. Lieber ein kleines Netz teurerer Bio-Zwiebeln als das billige Zwei-Kilo-Netz, von dem zum Schluss ein Teil schlecht wird, weil du nicht alles rechtzeitig verbrauchen kannst. Lass dich also nicht von Billig-Angeboten locken.

Wenn du hauptsächlich selber kochst, Bio-Produkte aus der Region verwendest und weitgehend auf Fleisch und Milchprodukte verzichtest, verringerst du deinen CO_2-Fußabdruck um bis zu 60 Prozent.[9] Außerdem lebst du gesünder, gerade Fleisch und Milchprodukte sind für Erwachsene in großen Mengen gar nicht gut. Und jeder Verbraucher unterstützt durch seinen Konsum die jeweilige Produktionsweise. Wer bio kauft, fördert also die biologische Landwirtschaft.

Schau hin!

Auf Obst, Gemüse und allen anderen Lebensmitteln im Supermarkt steht, wo sie geerntet oder hergestellt wurden. Von Oktober bis Juni solltest du zum Beispiel lieber Tomaten aus Spanien kaufen statt aus den Niederlanden (aus diesen Ländern kommen die meisten Tomaten in unseren Supermärkten), denn dort müssen sie nicht in beheizten Gewächshäusern angebaut werden, sondern wachsen einfach auf Feldern. Allerdings brauchen sie dort pro Kilo rund 20 Liter Wasser, weil es so heiß ist. In Deutschland verbrauchen Tomaten nur drei Liter. Greife im Winter also eher zur spanischen Tomate, im Sommer, von Juli bis September, eher nach einer aus Deutschland oder den Niederlanden.[10]

Auch Erdbeeren, die du außerhalb der Saison in Deutschland kaufst, kommen aus Südeuropa (oder noch weiter her) und werden dort mit sehr großem Wassereinsatz angebaut.

Generell gilt: Kaufe lieber Waren, die möglichst wenig verarbeitet sind, einen möglichst kurzen Lieferweg hatten und für die in der Herkunftsregion gerade Erntezeit ist.

Und schau auf die Inhaltsstoffe: Für Palmöl, Palmfett, Kakao, Zuckerrohr und Soja wird der Regenwald in Südostasien und Südamerika hektarweise niedergebrannt.[11] Palmprodukte und Soja sind in den meisten verarbeiteten Produkten. Und auch in Kosmetikprodukten steckt oft Palmöl. Da Palmöl besonders ertragreich ist und viele Kosmetikprodukte ohne Öl nicht auskommen, solltest du zumindest darauf achten, dass ein Produkt mit dem Zertifikat des RSPO (Roundtable for Sustainable Palm Oil) ausgezeichnet ist.[12] Das Palmöl ist dann immerhin möglichst nachhaltig produziert. Noch besser: Du verzichtest auf die meisten Cremes und Puder. Die wirken nämlich nur oberflächlich, jünger wird man dadurch nicht.

Das kann man doch noch essen!

Rette Lebensmittel. Wenn Supermärkte Lebensmittel wegschmeißen, schließen sie inzwischen die Container ab oder schaffen gleich Container an, die den »Müll« – also die Lebensmittel – zusammenpressen. Das Essen dort wieder herauszuholen ist illegal. Wer erwischt wird, kann wegen Hausfriedensbruch und gar Diebstahl angezeigt werden.[13]

Es gibt aber eine legale Möglichkeit, Essen vor dem Müll zu bewahren, ohne in die Tonne tauchen zu müssen: die Aktion Foodsharing. Dafür registrierst du dich auf der Seite foodsharing.de und wirst Teil eines Teams, das jeweils für ein Geschäft zuständig ist und dort regelmäßig und kostenlos Lebensmittel abholt, die sonst weggeworfen werden. Diese Lebensmittel kannst du selber verbrauchen oder an soziale Einrichtungen oder sogenannte Fairteiler weiterverteilen. Das sind Regale, Schränke oder andere Ablagemöglichkeiten an öffentlichen Orten, an denen jeder Lebensmittel ablegen oder mitnehmen kann.

Du kannst natürlich auch selber in Geschäften in deiner Umgebung fragen, ob du Lebensmittel, die sie sonst wegwerfen würden, abholen kannst. Über die App »Too good to go« bieten Geschäfte und Gastronomen für wenige Euro Lebensmittel an, die sie sonst wegwerfen müssten, weil sie sich nicht bis zum nächsten Tag halten.

Kaufe Brot und Brötchen lieber beim Bäcker statt an der Selbstbedienungstheke im Supermarkt, dort wird besonders viel nach Ladenschluss weggeworfen. Lass dir Essen im Restaurant einpacken. Verschenke überschüssiges Essen an Nachbarn und Freunde, statt es wegzuwerfen.

Kaufe auch unschöne Lebensmittel, etwa eine eingedrückte Butter oder ein verklebtes Joghurtglas. Auch unschönes Obst und Gemüse darf gegessen werden. Druckstellen auf Äpfeln sind nicht giftig. Nur wenn etwas schimmelt, muss es weg.

Essensreste musst du nicht gleich wegwerfen, meistens sind sie am nächsten Tag noch ein guter Snack für zwischendurch. In den USA kennt man das Reste-Sandwich, wenn die Überreste vom Vortag einfach zwischen zwei Brotscheiben gepackt werden.

Lagere dein Essen richtig. Äpfel und Bananen nicht mit anderem Obst und Gemüse zusammenlegen. Sie setzen ein Pflanzenhormon frei, das anderes Obst und Gemüse schneller verfaulen lässt. Obst wird auch dann schneller schlecht, wenn es vor dem Lagern schon gewaschen wurde. Fleisch und Fisch hält sich bei –2 Grad am längsten. Im Kühlschrank gehört Obst und Gemüse ins Gemüsefach, Fleisch und Fisch ins unterste Fach, darüber Milchprodukte, dann Käse und Essensreste.[14]

Aus vielen Gemüseresten, etwa von Kopfsalat oder Karotten, kannst du übrigens neues Gemüse ziehen.

Lebensmittel können auch nach dem Mindesthaltbarkeitsdatum noch gegessen werden. (Deswegen heißt es auch »Mindest…«). Das Datum garantiert nur, dass das Essen bis dahin auf jeden Fall gut ist. Danach solltest du einfach mal die Nase dranhalten. Riecht es unangenehm (oder sieht auch so aus), darf es weg. Wie absurd das Mindesthaltbarkeitsdatum ist, merkt man daran, dass es auch auf Wasser, Salz und Honig gedruckt wird – Lebensmittel, die nahezu unendlich lange haltbar sind. Lediglich das Verfalls- oder Verbrauchsdatum zeigt an, dass etwas danach tatsächlich nicht mehr gegessen werden sollte. Das betrifft empfindliche Nahrungsmittel wie Fleisch, Fisch oder rohe Eier.[15] Mehr Infos gibt es auf der Seite www.zugutfuerdietonne.de.

Über den Durst

Elf Flaschen Wasser kauft jeder Deutsche pro Monat. Eigentlich völlig verrückt. Denn eine Flasche Wasser kostet von wenigen Cent bis zu mehreren Euro. Ein Liter Wasser aus der Leitung dagegen kostet in Deutschland nur 0,2 Cent.[16] Für einen Euro bekommst du also 500 Liter Leitungswasser, aber nur fünf oder sogar weniger Liter Wasser aus der Flasche. Außerdem wird Leitungswasser stärker auf Schadstoffe kontrolliert als Mineralwasser. Für Schadstoffe im Leitungswasser gibt es Grenzwerte, die für Mineralwasser nicht gelten. In Leitungswasser dürfen zum Beispiel nicht mehr als zehn Mikrogramm Uran pro Liter sein. Uran kann den Nieren schaden.[17] Stiftung Warentest hatte 2019 stille Mineralwasser getestet und festgestellt, dass die Hälfte der 32 Wasser mit Keimen oder Schadstoffen belastet war.[18] Dazu kommen Schadstoffe und Mikroplastik, die aus Plastikflaschen in Getränke übergehen können.

Wer lieber Leitungswasser trinkt, schont also nicht nur die Umwelt, sondern auch die Gesundheit, jedenfalls solange im Haus keine alten Rohre verlegt sind, die gesundheitsschädliches Blei ans Wasser abgeben. Wie gut das Wasser ist, das aus deiner Leitung kommt, kannst du von den städtischen Wasserwerken testen lassen.

Wenn du gar nicht auf Wasser aus der Flasche verzichten magst (oder kannst, weil in deinem Haus doch noch Bleirohre liegen), achte darauf, dass das Wasser wenigstens aus deiner näheren Umgebung kommt. Dann wurde es nicht in einem (wasser-)armen Land abgefüllt und musste nicht so weit transportiert werden.

Egal ob Leitung oder Flasche, Wasser ist auf jeden Fall umweltfreundlicher als Saft (und andere verarbeitete Getränke wie Limos oder Eistee). Denn das Obst für den Saft muss aufwendig angebaut, ausgepresst und – oft in Plastikflaschen oder Tetrapaks – in die Supermärkte transportiert werden. Und dann sind Säfte nicht einmal besonders gesund, sie bestehen zu einem großen Teil aus Fruchtzucker.

Was Geldbeutel, Gesundheit und Umwelt also am meisten hilft: Überlegen, ob die Limo jetzt gerade wirklich dringend gekauft werden muss. Oder ob Leitungswasser nicht auch den Durst löscht.

Besiegelte Qualität

Viele Lebensmittel (und andere Produkte) werden mit Siegeln ausgezeichnet, um sie als möglichst nachhaltig, umwelt- oder tierfreundlich zu kennzeichnen. Allerdings gibt es für die meisten Siegel keine Richtlinien[19], jeder kann den eigenen Produkten also ein Siegel verpassen, das besonders schön aussieht, auch wenn nichts dahintersteckt.

Auf welche Siegel du achten solltest und welche Produkte dein Geld wirklich wert sind, erfährst du unter www.siegelklarheit.de.

Die gemeinnützige Organisation Marine Stewardship Council (MSC) prüft zum Beispiel, ob Fischereien umweltverträglich und nachhaltig arbeiten. Sie dürfen ihre Gebiete nicht überfischen und müssen erschöpften Beständen Zeit geben, um sich zu erholen, sie müssen den Beifang von Jungfischen und anderen Tieren gering halten und Gesetze und internationale Standards einhalten. Wenn sie das tun, tragen ihre Produkte das blaue MSC-Logo mit einer weißen Fischzeichnung. Allerdings kontrolliert der MSC manchmal nicht streng genug, ein besseres Siegel gibt es aber zurzeit nicht.[20] Mehr Infos gibt es hier: www.wwf.de/aktiv-werden/tipps-fuer-den-alltag/vernuenftig-einkaufen/einkaufsratgeber-fisch.

Konsum – Erst denken, dann kaufen

Du stehst vor den Kleiderstangen im Modegeschäft. Oder klickst dich durch Webshops. Und das da, das willst du unbedingt haben!

Atme einmal tief durch.

Brauchst du wirklich diese neue Hose? Die Kopfhörer, dieses Computerspiel?

Oder findest du auch im Secondhandladen eine Hose, die sonst kaum jemand hat, weil sie schon lange nicht mehr in Massen produziert wird? Kannst du deinen alten Kopfhörer vielleicht reparieren (lassen)? Lässt sich dieses Computerspiel herunterladen? So sparst du wenigstens Transport und Verpackung. Oder kannst du es dir einfach leihen?

Im Durchschnitt besitzt jeder Mensch in Deutschland rund 10000 Gegenstände.[1] Das allermeiste davon benutzen wir kaum, Kleidung hängt ungetragen im Schrank, von manchen Dingen wissen wir nicht einmal, dass wir sie haben. Weil sich viele Menschen von ihrem Besitz belastet fühlen, hat sich in den vergangenen Jahren ein Trend entwickelt: Minimalismus. Also mit möglichst wenig Dingen gut zu leben. Viele Menschen merken: Sie sind mit weniger glücklicher.

Weniger – und vor allem bewusster kaufen – macht aber nicht nur glücklich. Es schont auch die Umwelt. Und das geht so:

Bevor du etwas Neues kaufst, was jetzt nicht wirklich unverzichtbar ist wie Zahnpasta, schlaf eine Nacht darüber. Oder auch mehrere. Willst du es immer noch unbedingt besitzen? Dann kauf es. Viele Dinge, vom fast unbenutzten Topfset bis zur Winterjacke, gibt es aber auch gebraucht, auf dem Flohmarkt und in Secondhandläden, aber auch im Internet, etwa auf www.kleiderkreisel.de oder auf Webseiten für Kleinanzeigen. Was du dort kaufst, musste nicht neu mit viel Energie- und Ressourcenaufwand hergestellt werden, ist eher ein Unikat und hat manchmal sogar eine eigene Geschichte (zum Beispiel der uralte Kleiderschrank mit Bauernmalerei aus einer Wohnungsauflösung). Und Geld sparst du auch.

Brauchst du ein Teil unbedingt, weil das alte kaputtgegangen ist? Vielleicht lässt sich das alte Teil reparieren. Das ist umweltschonender, als es neu zu kaufen, die meisten Ressourcen werden nämlich bei der Herstellung eines Produkts verbraucht. Fahrräder, Toaster, Kleidung, sogar Schmuck – vieles lässt sich vor dem Müll retten, sodass du es wieder benutzen oder tragen kannst. Wenn du nicht weißt wie, helfen Freiwillige in Repair-Cafés oder Offenen Werkstätten, im Internet findest du Anleitungen, oder du fragst mal in Nachbarschaftsnetzwerken (zum Beispiel auf nebenan.de), ob dir in deiner Nähe jemand helfen kann.

Auf manche Dinge solltest du komplett verzichten. Etwa WC-Duftsteine, die Chemikalien ins Wasser spülen,

Kosmetikprodukte, die an Tieren getestet wurden[2], und Kleidung aus Polyester oder anderem Kunststoff. Denn auch wenn der Fleecepulli aus recycelten Plastikflaschen hergestellt wurde (was gut klingen mag), fließen bei jeder Wäsche etliche Mikroplastikfasern ins Abwasser (s. S. 50). Und spar dir den Glitzer! Er klebt in Kosmetika, auf Spielzeug, in Bastelklebern, und ist einfach nur lackiertes Plastik. Wenn du es abwäschst, landet es im Wasser, im Meer und irgendwann im Magen eines Fischs.

Und brauchst du wirklich einen Weihnachtsbaum oder Plastikdeko? Bunte Kugeln kannst du auch an Tannenzweige hängen, dafür muss kein Baum sterben.

Gib lieber mehr Geld aus

Billige Produkte halten oft nicht lange und werden unter schlechten Bedingungen produziert. Wenn du billig kaufst, zahlt ein anderer mit: Die Näherin in Bangladesch, die jeden Tag 12 Stunden in der Fabrik T-Shirts näht und nur einmal am Tag zur Toilette gehen darf. Und wir alle, weil Hersteller von Billigklamotten kaum auf Umweltschutz achten. Übrigens auch du selber, denn für billige Produkte wird natürlich kein hochwertiges Material verwendet.

Wenn du etwas kaufst, dann erkundige dich vorher, wie gut die Qualität ist (Stiftung Warentest, Bewertungen anderer Käufer) und wie umweltfreundlich das Produkt ist (zum Beispiel www.oekotest.de). Gib lieber mehr Geld aus, wenn das Teil dafür länger hält. So vermeidest du Müll, sparst Rohstoffe und Energie und schonst die Umwelt (und auch deinen Geldbeutel, denn Billigprodukte kauft man meist mehrmals).

Auch stromsparende Geräte sind teurer als Stromfresser. Doch je länger du sie nutzt, desto mehr Geld sparst du beim Stromverbrauch.

Etwas teurer sind auch Möbel, Bücher und andere Produkte aus FSC-zertifiziertem Holz.[3] Das Siegel soll garantieren, dass das Holz nicht aus Urwäldern kommt.

Es gibt Schöneres als Zeug

Wenn du umweltbewusst kaufst, erzähle auch anderen davon. Vor allem denen, die dir zum Geburtstag, Weihnachten oder anderen Anlässen etwas schenken. Denn statt (neues) Zeug, gibt es viel wertvollere Dinge, die wir uns gegenseitig schenken können:

- Zeit: Lass dir Erfahrungen schenken statt Dinge. Eine Paddeltour oder einen gemütlichen Abend im Kino. Am besten zusammen mit jemandem, den du magst.
- Erinnerungen: Lass dir gebrauchte Dinge schenken, ein Buch, das jemandem besonders gefallen hat, oder ein Computerspiel, das jemand gern gespielt hat.
- Und schenke Geschenke, die dir nicht gefallen, einfach weiter. Die Regel, dass man Geschenktes nicht weiterschenkt, ist überholt. Denn mit jedem Geschenk, das du weitergibst, wurde dir gewissermaßen das Geld gegeben, das du sonst selber für das Geschenk für einen anderen ausgegeben hättest.

Für die Umwelt ist es am besten, nichts zu kaufen. Oder wenigstens gut darüber nachzudenken, ob es der neue Pulli wirklich sein muss oder ob einen gerade nur die Kauflust überkommt. Denn: Wie viel ist genug?

Und je weniger du kaufst, desto mehr Müll sparst du.

Müll – Besser ist nichts

Am besten ist es natürlich, gar keinen Müll zu produzieren. Manche schaffen es, im Jahr nicht mehr Müll anzusammeln, als in ein Einmachglas passt. Sie sind Teil der »Zero Waste«-Bewegung. Unter Hashtags wie #zerowaste oder #plastikfrei tauschen Menschen im Netz Tipps aus, wie man Müll vermeidet.

Und so geht's:

Unterwegs und im Supermarkt

Wenn du länger unterwegs bist, nimm eine Dose und einen Becher mit. So kommt der Coffee-to-go direkt in den eigenen Becher, der Bratreis vom Asiaten in die eigene Dose. Gerade auf Einweg-Kaffeebecher mit Kunststoffbeschichtung solltest du verzichten, die können nicht recycelt werden, weil sich die Kunststoffschicht nicht vom Pappbecher trennen lässt.

Nimm unterwegs deine eigene Flasche aus Edelstahl oder Glas mit, die du mit eigenen Getränken oder Leitungswasser füllst. So sparst du auch Geld.

Lehne den Strohhalm oder die Plastikgabel am Imbiss ab. Und beim Eisessen nimmst du natürlich die Kugel in der Waffel.

Nimm zum Einkauf einen Stoffbeutel mit, statt Plastiktüten zu kaufen. Den Beutel solltest du natürlich nicht extra anschaffen, denn auch der Anbau von Baumwolle verbraucht unheimlich viel Wasser und Pestizide. Ein Beutel aus normaler Baumwolle (also nicht Bio-Baumwolle) muss etwa hundertmal so oft verwendet werden wie eine Plastiktüte, bevor er klimafreundlicher ist.[1] Die meisten Menschen haben ungenutzte Beutel rumliegen, frage einfach Eltern oder Freunde. Nutze Plastiktüten, die du schon hast, so lange wie möglich und zum Schluss als Müllbeutel für den Gelbe-Tonne-Abfall.

Lass dir beim Bäcker Brötchen in deinen eigenen Stoffbeutel geben und an der Käsetheke die Waren in deine eigene Dose legen. Sollte sich der Verkäufer an der Käsetheke weigern, den Käse ins mitgebrachte Glas zu füllen, weil das unhygienisch sei, lohnt sich oft ein freundliches Gespräch, entweder mit dem Verkäufer direkt oder mit der Geschäftsführerin. Das Hygieneproblem lässt sich vermeiden, indem der Verkäufer den Käse direkt in die Dose fallen lässt, die Dose aber nicht anfasst. Klingt vielleicht kleinlich, aber so werden keine Keime von einer schlecht gespülten Dose übertragen. In immer mehr Läden in Deutschland kann man inzwischen auf diese Weise – nämlich »unverpackt« –

einkaufen. Allerdings ist das etwas teurer als im Supermarkt, weil die Läden geringere Mengen an Produkten (ver-)kaufen können und dadurch höhere Kosten haben.

Lass Lebensmittel, die in Plastik, Dosen oder anderen Kunststoffen verpackt sind, möglichst liegen. Damit vermeidest du Müll, und gesünder ist es auch. Denn aus Kunststoffen können Rückstände ins Essen gelangen. Verzichte vor allem auf Produkte, die besonders aufwendig mit verschiedenen Kunststoffen verpackt sind. Und natürlich: kein Alugrill, Wegwerfgeschirr und -besteck!

ABER

DANN BENUTZE ICH EBEN PAPIERTÜTEN UND BIOPLASTIK!

Nein.

Auch Papier wird unter Einsatz von Energie, Wasser und Chemikalien hergestellt[2], und Papiertüten gehen schnell kaputt. Auch Bioplastik verbraucht viele Rohstoffe und belastet die Umwelt, vor allem, wenn dafür extra Pflanzen angebaut werden. Und es lässt sich lange nicht so einfach kompostieren[3], wie Hersteller uns gern glauben lassen. Kompostierbar ist Bioplastik nur in industriellen Anlagen[4], nicht auf dem Komposthaufen. Es kann auch nicht wie herkömmlicher Kunststoff recycelt werden und wird daher oft wie jeder andere Müll verbrannt. Ohnehin ist alles, was du nur einmal verwendest, schlecht für die Umwelt. Verzichte lieber auf Einmalzeug.

In Küche und Bad

Koche selber statt Essen zu bestellen oder Fertigessen zu kaufen. Da kaufst du nämlich gleich noch ganz viel Verpackung mit. Verzichte auf Kaffeemaschinen mit Alu-Kapseln oder Kunststoffpads. Guten Kaffee kannst du auch einfach ohne Filter und Kapseln in der Espressokanne kochen.

Spare Verpackungsmüll und schone das Wasser, indem du auf die meisten Reinigungsmittel und Hygieneartikel verzichtest und umweltfreundlichere Produkte nutzt: Soda oder Natron (aus dem Drogeriemarkt) ersetzen aggressive WC- und Backofenreiniger. Essigessenz reicht als Haushaltsreiniger völlig aus. Zum Fensterputzen reicht pures Leitungswasser (Fenster ordentlich mit Fensterleder oder altem Zeitungspapier trocken polieren). Nachfüllpacks sparen Müll. Gibt es zum Beispiel für Spül- und Waschmittel.

Verzichte auf Weichspüler. Die enthalten viele umweltschädliche Stoffe. Außerdem werden in Weichspülern Schlachtabfälle verarbeitet, ein guter Nährboden für Bakterien und Pilze in der Waschtrommel.

Vermeide Alufolie! Diese wird besonders energieaufwendig hergestellt (und muss deswegen auch unbedingt recycelt werden). Essen kannst du auch in Dosen oder einer Schüssel mit umgedrehtem Teller als Deckel aufbewahren.

Setze auf kaum oder gar nicht verpackte Alternativen: Ganz normale Seife aus der Papierverpackung statt Flüssigseife und Duschgel aus der Plastikflasche tun es auch. Shampoo lässt sich durch (Haar-)Seife ersetzen. Die Haare kannst du auch gut mit Roggenmehl oder Natron waschen und mit einer Mischung aus Wasser und etwas Apfelessig spülen. Oliven- oder Sonnenblumenöl machen die Haut genauso geschmeidig wie eine Lotion. Nutze Zahnbürsten aus Holz oder wenigstens Zahnbürsten, bei denen du nur den Kopf auswechselst und den Griff weiterverwendest.[5] Auch Rasierer gibt es mit Wechselkopf oder sogar aus Holz mit Klinge (so wie früher, frag deinen Opa).

Für die Mädels: Tampons lassen sich durch Menstruationstassen ersetzen, Binden gibt es auch aus Stoff, dann kann man sie nach der Benutzung einfach waschen.

Spare Papier

Drucke möglichst wenig – und wenn, dann doppelseitig. Du kannst zum Beispiel fragen, ob du Hausaufgaben auch per Mail schicken kannst. Verwende einseitig bedrucktes Papier für Notizen oder um Texte zum Lesen auszudrucken.

Bestelle Werbekataloge ab und klebe ein Schild an euren Briefkasten, dass Werbung unerwünscht ist. Dann darf der Briefträger keine Werbung einwerfen. Wenn du Werbung bekommst, die an dich adressiert ist, reicht eine Mail an die Kundenkontaktadresse der Firma mit deiner Adresse und der Info, dass du keine Werbung mehr haben willst.

Auch wenn es schön ist, einen Brief oder eine Karte zu bekommen – meistens landen sie ja doch im Müll. Ruf lieber an, nimm dir Zeit oder schreib eine Mail. Grußkarten müssen aufwendig produziert werden, werden oft mit Farbe und Glitzer überzogen, damit sie im Geschäft auffallen, und sind häufig in Plastik verpackt. Kaufe lieber eine Karte aus recyceltem Papier, bastel eigene Karten oder schicke nur eine einfache Postkarte, dabei sparst du wenigstens den Umschlag (und Geld).

Mit dem Geschenkpapier, das in einem Industrieland wie Deutschland an einem einzigen Weihnachtsfest anfällt, könnte man die komplette Erde einwickeln. Verpacke lieber in altes Zeitungspapier, in schöne Tücher oder wiederverwendbare Geschenktüten.

Nutze Recyclingpapier für Schulhefte, Notizblöcke, Druckerpapier, Toilettenpapier, Taschentücher, Briefumschläge, gekennzeichnet zum Beispiel mit dem Siegel »Blauer Engel« und dem Hinweis »100 Prozent Recyclingpapier«.

Recycle richtig

Den Müll, den du nicht vermeiden kannst, solltest du unbedingt richtig entsorgen. Es mag lästig sein, bei jedem Stück zu überlegen: grüne Tonne, schwarzer Eimer, Gelber Sack? Für die Umwelt ist die richtige Mülltrennung aber wichtig, denn nur was richtig getrennt wurde, kann auch recycelt werden. Und was recycelt wird, spart Energie, Wasser und Rohstoffe.

So schwer ist Mülltrennen gar nicht:

Glas gehört am besten ohne Deckel und nach Farben sortiert in den Altglascontainer, wenn es kein Pfandsymbol hat. Ansonsten metallische Schraubverschlüsse nicht zu fest draufschrauben, damit der Magnet in der Recyclinganlage sie leichter vom Glas trennen kann. Trinkgläser, Fensterglas, Blei- und Kristallglas, Spiegelglas, Porzellan, Keramik und Glühbirnen dürfen nicht in den Altglascontainer.

Papier (z.B. Zeitungen, Geschenkpapier, Eierkartons, Papiertüten von Mehl und Zucker) gehört ins Altpapier. Thermopapier und beschichtetes Papier (Kassenzettel, Fahrkarten und Backpapier) in den Restmüll, Tetrapaks in die Wertstofftonne.

In den Gelben Sack darf eigentlich nur Verpackungsmüll, der NABU fordert aber, dass bundesweit alle Gelben Tonnen zu Wertstofftonnen umfunktioniert werden. In vielen Kommunen gibt es die schon. Dort hinein darf ebenfalls Verpackungsmüll (außer Glas und Papier) sowie andere Produkte aus Kunststoff (z.B. Tüten, Folien, Polystyrol, Spielzeug, Plastikgeschirr), Metall (Dosen, Schrauben, Besteck, Werkzeug, Töpfe, Flaschenverschlüsse), Alu (Alufolien oder die Deckel von Joghurtbechern) und Verbundstoffe (Getränkekartons, Kaffeevakuumverpackungen und andere beschichtete Verpackungen). Deckel vom Joghurtbecher unbedingt abziehen, Plastikfenster aus dem Nudelkarton reißen und getrennt entsorgen. Sonst klappt das mit dem Recycling nicht, weil die Scanner der Müllanlagen die Teile nicht richtig erkennen. Dann werden sie einfach verbrannt. Du musst Joghurtbecher, Einweggläser oder Flaschen übrigens vor der Entsorgung nicht spülen, ausleeren reicht.

In den Biomüll gehören Lebensmittelabfälle, Essensreste und Kompost, also zum Beispiel Schalen und Kerne, Kaffeesatz und Teebeutel, verschimmelte Lebensmittel und gekochte Essensreste, Blumen, Strauchschnitt und Laub. Und auf keinen Fall Plastiktüten. Biomüll ist auch deswegen wichtig, weil aus den Abfällen, die ja ohnehin verrotten, Biogas hergestellt werden kann (s. S. 123) und dafür nicht extra Mais oder Raps angebaut werden muss. Aus einer Bananenschale kann zum Beispiel genug Energie für eine halbe Stunde Lampenlicht gewonnen werden.

Restmüll ist schließlich alles, was übrig bleibt und kein gefährlicher oder sehr großer Müll ist, also zum Beispiel Kerzen, Damenbinden, Gummi, Fotos, Leder, Glühbirnen (keine Energiesparlampen), Porzellan, Stoffreste, Zigarettenkippen, Tierstreu. Auch Medikamente gehören in den Restmüll (ohne die Verpackung natürlich), auf keinen Fall in den Abfluss! Im Restmüll verboten: Elektrogeräte, die kannst du kostenlos auf Wertstoffhöfen oder in Elektromärkten abgeben. Batterien und Energiesparlampen kann man in vielen Supermärkten an der Kasse abgeben.[6]

Korken (zum Beispiel von Weinflaschen) aus Naturkork sind ein wertvoller Rohstoff und werden von Wertstoffhöfen oder Weinhandlungen gern angenommen.Auch alte Handys stecken voller Rohstoffe, die wiederverwendet werden können. Gib kaputte Handys, die du wegwerfen möchtest, auf dem Wertstoffhof oder bei einer Sammelaktion ab (machen Vereine manchmal). Auch manche Mobilfunkläden nehmen alte Handys an.Lass auch alte Computer, Akkus und Druckerpatronen im Fachhandel entsorgen, dann werden sie in der Regel auch recycelt. Sperrmüll und altes Holz kommt ebenfalls auf den Wertstoffhof und auf keinen Fall in die Natur. Alte Kleidung gehört in Altkleidercontainer, da wird sie weiterverteilt oder recycelt.

Gib alles, was repariert werden kann (alte Möbel, Kleidung oder auch kaputte Elektrogeräte und Fahrräder) lieber an Organisationen oder Sozialbetriebe, die Gegenstände wieder aufbereiten und verkaufen. So sparst du Ressourcen und ermöglichst anderen Menschen, Gegenstände und Kleidung günstig zu kaufen.

Recycling kannst du auch fördern, indem du Produkte kaufst, die aus recyceltem Material hergestellt wurden. Es gibt zum Beispiel Kleidung, Schuhe und Taschen aus recycelten Rohstoffen.

Wie du dein Geld schlauer nutzt

Und was machst du nun mit all dem Geld, das du durch Stromsparen (s. S. 146), Fahrgemeinschaften (s. S. 158), weniger Fleisch (s. S. 162) und bewussteren Konsum (s. S. 173) gespart hast?

Du kannst es natürlich ausgeben, für Bildung, Bahnreisen, Fairtrade-Klamotten und Milch von Kühen, die wirklich auf der Weide stehen.

Bis du es aber ausgibst, liegt dein Geld wahrscheinlich erst einmal auf deinem Konto. So lange kann die Bank mit deinem Geld arbeiten, investiert es zum Beispiel in Firmen und Immobilien, um damit mehr Geld zu verdienen. Ob die Bank dein Geld in Rüstungsfirmen oder Hersteller von Solaranlagen steckt, entscheidest du mit der Wahl deiner Bank. Die meisten Banken investieren dort, wo Geld mehr Geld bringt, und das ist nicht immer umweltfreundlich, solange Firmen nicht für Umweltschäden aufkommen müssen. Wenn dein Geld keinen Schaden anrichten soll, eröffne lieber ein Konto bei einer sogenannten ethischen Bank, die in umweltfreundliche und nachhaltige Unternehmen investiert[1], wie etwa die GLS Bank, die EthikBank oder die Triodos Bank.[2] Allerdings solltest du dich vorher genau informieren, denn Begriffe wie »nachhaltig«, »ethisch«

oder »klimafreundlich« sind nicht geschützt, theoretisch kann sich jede Bank so nennen.[3] Informationen findest du auf www.geld-bewegt.de, einem Portal der Verbraucherzentralen.

Wenn du dein Geld langfristig anlegen möchtest, findest du auf www.fng-siegel.org eine Liste mit empfehlenswerten Investmentfonds des »Forums Nachhaltige Geldanlagen«.

Wenn sich ein Flug oder Plastikmüll nicht vermeiden lässt, kannst du auch Geld spenden, damit anderswo auf der Welt der CO_2-Ausstoß vermieden wird. Auf www.plasticbank.com/de/werden-sie-plastikneutral kannst du deinen eigenen Plastikverbrauch kompensieren, indem du dafür spendest, dass Menschen in ärmeren Ländern dafür bezahlt werden, Plastikmüll zu sammeln und recyceln zu lassen.[4]

Auf www.atmosfair.de oder www.myclimate.org kannst du deinen CO_2-Ausstoß berechnen lassen und für verschiedene Projekte spenden, damit in Ruanda Solarkocher angeschafft, in Nicaragua Bäume gepflanzt oder Schüler in Umweltschutz unterrichtet werden. Um die elf Tonnen CO_2 zu kompensieren, die jede Deutsche pro Jahr verursacht, müssten etwa 250 Euro gespendet werden.[5] Ein Freifahrtschein zum CO_2-Ausstoß ist das natürlich nicht. Denn auf Dauer müssen wir komplett CO_2-neutral werden (s. S. 27).

Schaffe Lebensraum

Eigentlich sollen bis 2020 fünf Prozent der deutschen Wälder zu Urwald werden[1], wo totes Holz verfaulen darf, damit sich Käfer, Würmer und andere Tiere daran gütlich tun können. Rund drei Prozent sind es im Moment. Da ist also noch einiges zu tun. Weil nicht jeder die Möglichkeit hat, selber Bäume zu pflanzen, gibt es Vereine und Projekte, die sich um die Natur und die Aufforstung kümmern. Zum Beispiel das Bergwaldprojekt (www.bergwaldprojekt.de), da kannst du selber mitarbeiten oder spenden. Auf plant-my-tree.de[2] oder primaklima.org[3] kannst du Bäume kaufen oder verschenken, die irgendwo angepflanzt werden. Und die Suchmaschine www.ecosia.org verspricht, von einem Teil ihrer Werbeeinnahmen neue Bäume zu pflanzen.[4]

Wenn du selber einen Garten hast, kannst du ganz viel für Vögel und mittelgroße bis winzig kleine Tiere tun. Nämlich indem du möglichst wenig tust. Nur selten Rasen mähen, zusammengerechtes Laub liegen und Brennnesseln, Löwenzahn und anderes »Unkraut« wachsen lassen. Auf einen Rasenmäherroboter solltest du verzichten. Der hält zwar den Rasen schön kurz, dafür blüht da keine Blume mehr, Bienen finden keine Nahrung und Kleintiere können überfahren werden. Ein verwilderter Garten mag nicht jedem gefallen, Käfern und Schmetterlingen, Maulwürfen und Igeln, Amseln und Rotkehlchen gefällt er bestimmt.

Was an Biomüll anfällt, wirfst du am besten in einer Ecke auf einen Komposthaufen. So hast du irgendwann frische Erde für Gemüsebeete und schaffst auch noch Lebensraum für Kleinstlebewesen. Und natürlich solltest du im Garten auf Chemiekeulen wie Pestizide oder Kunstdünger verzichten. Frische Erde vom Komposthaufen oder auch Kaffeesatz ersetzen den Dünger. Wenn du Igeln, Vögeln und Insekten Unterschlupf bietest, fressen sie dafür die Schädlinge. Brennnesselbrühe hilft gegen Blattläuse und Milben und düngt außerdem. Lavendelstängel neben Ameisennester oder -straßen gelegt vertreibt die Tierchen. Salbei, Knoblauch oder Thymian helfen gegen Schnecken, Lauch gegen Möhrenfliegen, Möhren wiederum gegen Zwiebelfliegen. Das ist in der Natur meistens ganz gut geregelt.

Wenn du Blumenerde kaufen musst, dann nimm Erde ohne Torf. Torf wird in Mooren abgebaut und davon gibt es kaum noch welche.[5]

Hecken sind übrigens der perfekte Sichtschutz für einen Garten – sie filtern Staub und Abgase, dämpfen Lärm und bieten Kleintieren und Vögeln Schutz. Sogenannte Insektenhotels schützen Insekten wie Wildbienen oder Wespen. Das sind eigentlich bloß Holzblöcke, in die kleine Löcher gebohrt wurden. Wenn es dir Spaß macht, kannst du aber auch kreativ werden, ein richtiges Haus bauen und dekorieren. Hauptsache die Tierchen fühlen sich darin wohl. Vogelkästen schützen Vögel, gerade auch in der Stadt, wo es nur wenige Nistmöglichkeiten gibt. Ob Vögel das ganze Jahr über gefüttert werden sollten, damit es vielleicht bald wieder mehr von ihnen gibt, darüber sind sich Tierschützer uneinig. Die einen befürchten zu viel Eingriff des Menschen in die Natur, die anderen sagen, die Vögel sind durch Pestizide und Nahrungsmangel so geschwächt, dass wir ihnen das ganze Jahr über helfen müssen. Wenn du Vögel füttern willst, erfährst du hier, worauf du bei den verschiedenen Arten und in den verschiedenen Jahreszeiten achten musst: www.tierschutzbund.de/information/hintergrund/artenschutz/voegel/vogelfuetterung.

Respekt für die Natur

Wenn du in Wald und Wildnis unterwegs bist, befolge ein paar einfache Regeln:

- Störe keine Tiere.
- Pflücke keine Pflanzen, wenn du sie nicht zum Essen brauchst.
- Nimm deinen Müll mit.
- Lass die Bäume in Ruhe.
- Bleib auf den Wegen.
- Lass deinen Hund in der Natur an der Leine.
- Und wenn du eine Katze hast, binde ihr eine Glocke ans Halsband, auch wenn ihr das nicht gefallen wird. So rettest du Vögel und andere Kleintiere. Futter bekommt sie ja hoffentlich von dir.[1]

ABER

WAS ÄNDERT DAS SCHON, WENN ICH UMWELTFREUNDLICH LEBE?

Alles.

Kritiker sagen gern, dass eine CO_2-Steuer oder der Verzicht auf Coffee-to-go-Becher nichts bringe, weil die Kaffeebecher nur einen Bruchteil des gesamten Mülls ausmachen oder weil Deutschland nur für zwei Prozent des weltweiten CO_2-Ausstoßes verantwortlich ist.[1] Das ist natürlich kein Argument dafür, gar nichts zu tun. Wenn die Menschheit ab 2050 keine Emissionen mehr verursachen darf, dann kommt es auf jeden einzelnen Kaffeebecher, jedes Gramm CO_2-Ausstoß an – und auch auf dich. Wenn nur ein Mensch auf der Welt auf Fleisch verzichtet, ändert das natürlich nichts. Wenn es alle tun, retten wir die Welt.[2] Und wenn immer mehr Menschen nachhaltig leben und kaufen wollen, müssen auch Politik und Unternehmen mitziehen. Wenn niemand mehr Produkte mit Palmöl oder Autos mit Verbrennungsmotoren kauft, lässt sich damit auch kein Geld mehr verdienen. Und wenn Politiker wiedergewählt werden wollen, müssen sie dem Trend folgen und den Umweltschutz ernster nehmen. Und manchmal muss man Verantwortliche aus Politik und Wirtschaft auch daran erinnern, was die Mehrheit will.

Werde aktiv und kreativ

Politiker werden gewählt, um die Interessen ihrer Wähler zu vertreten und sich dafür einzusetzen, dass die Menschen, für die sie verantwortlich sind, möglichst gut leben können. Für ein gutes Leben brauchen wir saubere Luft, sauberes Wasser, eine saubere Natur. Damit unsere Umwelt sauber bleibt oder wieder sauber wird, müssen Gesetze erlassen werden, die die Umwelt schützen. Du allein kannst zwar auf (innereuropäische) Flüge verzichten, leichter fällt das aber, wenn das Bahnnetz gut ausgebaut ist und es auch auf dem Land guten Nahverkehr gibt. Das ist Sache der Politik (s. S. 82). Du kannst versuchen, möglichst wenig Müll zu produzieren, leichter fällt das, wenn Unternehmen nicht mehr jedes Produkt in Plastik hüllen dürfen. Manchmal muss man Politiker und Unternehmen daran erinnern, den Umweltschutz ernst zu nehmen. Und da kommst wieder du ins Spiel:

Du kannst deinen Lokalpolitikern (oder auch Bundespolitikerinnen in Berlin) eine Mail schreiben und dich mit ihnen treffen. Kontaktdaten findest du auf ihren Webseiten. Du kannst konkrete Forderungen stellen, zum Beispiel nach sicheren Radwegen in deiner Stadt, und Unterstützer sammeln. Unterschriftensammlungen zeigen Politikern auch ohne Demonstrationen auf der Straße, dass ein Thema vielen Menschen wichtig ist. Forderungen kannst du auch als Petition online an den Bundestag stellen und dafür möglichst viele Unterschriften sammeln. Das geht zum Beispiel auf www.openpetition.de oder epetitionen.bundestag.de.

Du kannst aber auch lauter sein. Wenn etwa solch absurde Dinge geschehen, wie einen Wald für den Kohleabbau zu roden, obwohl ständig vom Kohleausstieg gesprochen wurde oder wenn klima- und umweltschädliche Technologien weiter gefördert werden und sich die Verantwortlichen offenbar zu wenig Gedanken darüber machen, wie das Leben der Menschen in 50 Jahren aussehen soll. Dann ist es Zeit, wütend zu werden.[1]

Demonstrieren

Greta Thunberg ist sicherlich die jüngste prominente Klimaaktivistin. Sie war acht Jahre alt, als sie zum ersten Mal von der Klimakrise hörte. Im August 2018, mit 15 Jahren, begann Greta ihren Schulstreik. Keine drei Monate später war sie schon weltbekannt. Wichtiger: Der Grund ihres Protests bewegte die Menschen.[2] In Städten auf der ganzen Welt gehen Schüler freitags auf die Straße statt in die Schule. Sie haben einen guten Grund: Viele von ihnen werden 2050 noch keine 50 Jahre alt sein. Sie selbst und ihre Kinder, spätestens ihre Enkel, werden also unter der Klimakrise zu leiden haben.

Je mehr Menschen den Politikern klarmachen, dass sie

ihre politischen Entscheidungen nicht gut finden, desto mehr geraten Politiker unter Druck und kümmern sich mehr um die Interessen der Bürger. Und Bürgerin ist auch, wer noch nicht wählen darf. Deswegen sind die Proteste der #FridaysForFuture-Bewegung, die seit November 2018 weltweit stattfinden, so wichtig. Hinter sie stellen sich immer mehr Erwachsene, etwa die #ParentsForFuture und #ScientistsForFuture.[3] Inzwischen gibt es auch #EntrepreneursForFuture, also Unternehmer, die sich zusammengeschlossen haben und eine umweltfreundlichere Wirtschaft fordern. Insgesamt zwei Drittel der Erwachsenen finden den Streik der Schüler gut.[4]

Also: Schließt euch zusammen für Aktionen, Kampagnen, sprecht mit Freunden, klärt auf, verleiht oder verschenkt dieses Buch oder andere, die über Umweltschutz aufklären. Je mehr Menschen sich mit Umweltschutz beschäftigen und Forderungen an Politik und Wirtschaft stellen, bewusster und vor allem weniger konsumieren und weniger verschwenden, desto eher tut sich etwas.

Proteste sind gar nicht so schwer zu organisieren. Man muss sie beim Ordnungsamt oder der Polizei anmelden und dann so viele Leute wie möglich motivieren mitzumachen – persönlich, über soziale Medien, Plakate oder auch einfach mit Kreide-Infos auf Gehwegen oder Schultafeln. Und wenn ihr demonstrieren geht, lasst keinen Müll liegen, bringt Getränke und Essen mit, statt es vor Ort in Plastikverpackungen zu kaufen, sammelt lieber nebenbei Müll auf. Und ihr dürft natürlich keine Gewalt anwenden, haltet euch an die Anweisungen der Polizei und bringt euch vor allem nicht in Gefahr. Wir gehen bei Demonstrationen in unseren Ländern immerhin kaum ein Risiko ein. In China dagegen hat eine 16-Jährige ebenfalls für das Klima demonstriert. Und bekam Besuch von der Polizei.[5]

Kinder, die demonstrieren, sind ungewöhnlich. Was ungewöhnlich ist, erregt Aufmerksamkeit. Und je mehr über Proteste gesprochen wird, desto stärker wird der Druck auf die Politikerinnen. Wahrscheinlich haben die #FridaysForFuture-Proteste den Anstoß für die Einrichtung eines Klimakabinetts[6] gegeben, das konkrete Gesetze zum Schutz des Klimas erarbeiten soll. In Konstanz haben die Proteste von Schülern dazu geführt, dass die Stadt im Frühjahr 2019 den Klimanotstand ausgerufen hat[7] und ab 2050 nur noch eine Tonne CO_2-Ausstoß pro Einwohner und Jahr innerhalb der Stadt verursachen will, etwa durch klimaneutrale Energieversorgung und bessere Dämmung von Gebäuden. (Allerdings darf ab 2050 eigentlich jeder Mensch insgesamt nur noch eine Tonne pro Jahr verursachen.) Im Moment sind es noch fast fünf Tonnen. Worauf Konstanz natürlich keinen Einfluss hat, ist der CO_2-Ausstoß seiner Bürger außerhalb der Stadt, etwa durch Lebensmittel, die aus anderen Ländern eingeführt werden. Konstanz ist damit trotzdem Vorreiter, andere Städte in Deutschland zogen nach, etwa Köln, Kiel und Karlsruhe.[8]

Protestieren

Nicht nur auf der Straße, auch im Internet, vor allem in sozialen Netzwerken, können Menschen protestieren – und das sogar weltweit, egal wo sie gerade online sind. Auch das kann Erfolg haben: 2017 hat die Edelmarke Burberry Kleidung im Wert von 32 Millionen Euro verbrannt. Die Markenklamotten sollten nämlich nicht in den billigen Ausverkauf. Da erhob sich ein Shitstorm gegen den Hersteller, woraufhin Burberry versprach, nicht verkaufte Kleidung künftig zu spenden oder wenigstens zu recyceln.[9]

Im Juni 2019 legten sich 20 Jugendliche im Bundestag bei einer Veranstaltung für Schüler wie tot auf den Boden, während Bundestagspräsident Wolfgang Schäuble eine Rede hielt. Es war ein sogenanntes Die-in (von »to die« – sterben). Sie wollten damit auf die tödlichen Folgen der Klimakrise aufmerksam machen. Die Aktion hätte bei einer echten Bundestagssitzung sicher mehr Aufmerksamkeit bekommen, aber immerhin berichteten einige größere Medien über den Protest.[10]

Proteste erreichen Menschen vor allem dann, wenn sie kreativ sind und sich gegen ein eindeutiges Unrecht richten.

Engagieren

Wer keine Demos organisieren will und nicht auf der Bühne stehen mag, kann einer Umweltorganisation beitreten. Das kostet einen Monatsbeitrag, dafür gewinnt die Organisation mit jedem Mitglied mehr Einfluss.

Neben den großen und von Stiftung Warentest empfohlenen Organisationen wie Greenpeace, BUND oder Atmosfair[11] gibt es auch neuere Klimaschutzbewegungen wie die »Extinction Rebellion« (XR)[12]. Der Name bedeutet »Auflehnen gegen das Aussterben«. Ihr Symbol: eine Sanduhr, weil unsere Zeit auf diesem Planeten abläuft. Ihr Motto: »Rebellion für das Leben.«[13] Ihre Forderung: keine CO_2-Emissionen mehr ab 2025. Ihre Befürchtung: »We are fucked.«[14] XR organisiert sich über kleine lokale Gruppen, die miteinander in Verbindung stehen und verschiedene Aktionen planen. Am 15. April 2019 besetzten 300 ihrer Anhänger eine der wichtigsten Brücken Berlins und blockierten den Verkehr. Polizisten mussten die Aktivisten einzeln wegtragen. Auch in London hatten im April 2019 Tausende Aktivisten tagelang wichtige Straßenabschnitte und Plätze besetzt, es kamen Mütter, Trommler, Clowns, eine bunte Mischung aus Menschen, die sich Sorgen um die Zukunft machen. Sie wollen gewaltfrei protestieren, denn mit friedlichem Protest lassen sich mehr Menschen zum Mitmachen bewegen. Ihr Ziel ist es, 3,5 Prozent der Bevölkerung für sich zu gewinnen. Das klingt nach wenig, kann aber genug Druck auf die Politik erzeugen, damit sich etwas bewegt, glauben die Aktivisten. In Deutschland wären das 2,9 Millionen Menschen.[15]

Engagieren kannst du dich auch mit kleineren Aktionen, ohne einer Bewegung beizutreten. Organisiere eine Klamottentauschparty oder einen Flohmarkt für ausrangierte Lieblingsteile. So kommt ihr an neue Klamotten und du machst auf Umweltschutz und bewussten Konsum aufmerksam.

Oder schließt euch zusammen, schnappt euch Beutel, Körbe oder Eimer und geht auf Mülljagd. Reinigt einen Straßenabschnitt, einen Park, einen Strand. Wo Müll liegt, schmeißen Menschen oft noch mehr hin. Wenn keiner mehr da liegt, bleibt die Gegend eher sauber. Benutzt wiederverwendbare Gummihandschuhe. Trennt den Müll und entsorgt ihn korrekt. Sammelt nicht zu nah an der Straße und nicht, wenn irgendwo Spritzen liegen. Dann informiert die Polizei. Ein US-Amerikaner wollte Menschen zum Müllaufsammeln motivieren, knipste ein Vorher-Nachher-Foto von einer Wiese, die er mit Freunden vom Müll befreit hatte, und postete die Fotos unter dem Hashtag #trashtag auf Facebook. Dort wurde er einige Hunderttausendmal geteilt – und Tausende auf der ganzen Welt machten mit.[16]

Politisieren

Gehe wählen, sobald du darfst. Unterstütze Parteien, die die Klimakrise ernst nehmen und Klima- und Umweltschutz vor wirtschaftliche Interessen stellen. Denn die wirksamsten Veränderungen sind politische Veränderungen. Gib deine Stimme auch bei »kleineren« Wahlen ab, vor allem bei Kommunalwahlen und Volksbegehren. Was in der Lokalpolitik geschieht, betrifft dich nämlich oft noch unmittelbarer und schneller als Entscheidungen auf Bundes- oder Europaebene. Und lokale Entscheidungen haben natürlich auch Einfluss auf die große Politik. In Bayern hat ein Volksbegehren (das bis dahin erfolgreichste in der bayrischen Geschichte, mit 1,75 Millionen Unterschriften)[17] durchgesetzt, dass die Regierung sich besser um Artenschutz kümmert: Blühstreifen am Straßenrand sollen entstehen, Ökolandbau mehr gefördert und Düngung und Pestizideinsatz strenger reglementiert werden.[18]

*

Das sind nur einige Tipps und es gibt sicher noch mehr. Wie viel CO_2-Ausstoß du mit deinem Lebensstil verursachst, kannst du hier berechnen lassen: uba.co2-rechner.de. Danach wird dir angezeigt, wie du deinen CO_2-Fußabdruck noch verbessern kannst.

Bei all diesen Tipps geht es allerdings um etwas, was uns Menschen sehr schwerfällt: Gewohnheiten ändern. Wer jeden Morgen beim Bäcker nebenan seinen Kaffee im Papp-Plastikbecher kauft, abends gern Fertigpizza isst und lieber Auto als Fahrrad fährt, weiß zwar, dass das weder umweltfreundlich noch gesund ist, aber die Umstellung auf einen anderen Lebensstil macht Probleme.

Wenn dich all diese Tipps jetzt erschrecken, dann suche dir erst einmal ein paar Bereiche aus, in denen du umweltfreundlicher leben kannst. Vielleicht schaffst du es ja, nur einmal pro Woche Fleisch und Wurst zu essen? Vielleicht stopfst du ein Loch im Pulli, statt ihn wegzuwerfen? Und fährst auch bei Regen Fahrrad statt Auto?

Setze dir Teilziele: einen Monat ohne Auto. Zwei Monate lang keinen Plastikmüll verursachen. Ein Jahr lang nichts Neues kaufen. Erzähle auch anderen davon, mach es zur Challenge. Wenn du weißt, dass deine Freunde dein Ziel kennen und vielleicht sogar mitmachen, motiviert dich das umso mehr.

Und: Lass dich nicht dazu verleiten, zu denken, dass du ja schon auf Fleisch verzichtest und dafür ruhig mal mit dem Auto fahren kannst. Umwelt- und Klimaschutz betrifft uns alle. In allen Bereichen.[19]

Du musst nicht gleich Solaranlagen aufs Dach schrauben. Hauptsache, du fängst irgendwo an. Und nicht irgendwann.

Ausstieg – Jetzt weißt du Bescheid

Wir setzen der Erde also ganz schön zu. Und wenn alle Menschen auf der Welt leben würden wie wir in Deutschland, bräuchten wir drei Planeten, um all die Nahrung, den Strom und alle anderen Dinge zu produzieren und all den Müll, die Abgase und anderen Schadstoffe aufzufangen.[1] Wir haben aber nur diesen einen Planeten. Um daran zu erinnern, wird einmal im Jahr am sogenannten Erdüberlastungstag darauf aufmerksam gemacht, dass an diesem Tag bereits alle Ressourcen verbraucht sind, die in diesem Jahr für ein nachhaltiges Leben verwendet werden dürften. 2019 lag der Erdüberlastungstag für den ganzen Planeten im Juli. Wir in Deutschland hatten alle Ressourcen, die uns theoretisch in einem Jahr zustehen, schon am 3. Mai aufgebraucht.

Wir können unser Leben, wie wir es kennen, noch retten, wenn wir es wirklich wollen, wenn wir auf unnötigen Konsum verzichten, radikale politische und unternehmerische Entscheidungen treffen und aufhören, Natur, Tiere und Menschen auszubeuten.

Dann könnte unsere Welt in 50 Jahren besser aussehen als heute:

Die Welt könnte so schön sein – eine Utopie

2020 hatten wir Menschen endlich verstanden, dass wir *sofort* handeln müssen, wenn wir überleben wollen. Es geht nicht um den Planeten, es geht um uns.

Die Industrieländer gingen voran, schließlich hatten sie das nötige Wissen, das meiste Geld und verursachten die meisten Schäden. In Europa und den USA, Russland und China, Brasilien und Australien, Saudi-Arabien und Südafrika wurde ab sofort bei jeder politischen und wirtschaftlichen Entscheidung abgewogen, ob sie dem Planeten nützt oder schadet. Klimaschutz stand nun in vielen Verfassungen gleich hinter der Würde des Menschen.[2] Die Menschheit schloss sich zusammen, um den Planeten zu schützen, wie sich rund 80 Jahre zuvor die Alliierten gegen die Nazis zusammengeschlossen hatten. Wie Europa in den 1990er-Jahren das Waldsterben bremsen und alle Länder zusammen die Ozonschicht retten konnten, so hat es die Menschheit geschafft, die Klimakrise zu stoppen.

Es war nicht schwer, die Entwicklungsländer zu überzeugen. In Kenia und Nigeria, in Bangladesch und Mosambik wollten sie zwar eigentlich genauso leben wie die Menschen in den Industrieländern, schnelle Autos fahren, in großen Wohnungen leben, Produkte aus aller Welt importieren, täglich Fleisch essen. Sie litten aber jetzt schon mehr unter der Klimakrise als die reichen Länder. Also zogen sie mit.

Alle mussten verzichten, vor allem die Reichen. Vieles wurde verboten und rationiert.[3] Denn wo Menschen lieber denken: »Das sollen die anderen machen« und nicht freiwillig tun, was nötig ist – zum Beispiel weniger Fleisch essen, fliegen, Auto fahren, konsumieren –, da ging es nicht anders. Verbrennungsmotoren wurden verboten, Häuser isoliert, Heizungen, Energie- und Wasserverbrauch gedrosselt, Verschwendung und Umweltverschmutzung wurden zur Straftat, Naturschutzgebiete wurden ausgeweitet und wirklich geschützt, eine Zeit lang sogar vom Militär. Wald durfte nicht mehr gerodet werden, Nutzpflanzen wurden so angebaut, dass sie sich möglichst gegenseitig vor Erosion, Austrocknung und Schädlingen schützten. Die meisten Einmal-Produkte aus Kunststoff waren (außer in Medizin und Forschung) verboten. Es war auch verboten, Lebensmittel zu vernichten, die noch gegessen werden können. Stattdessen wurde überschüssiges Essen verteilt. Der CO_2-Ausstoß wurde hoch besteuert. Damit nicht nur Reiche fliegen und die Umwelt verschmutzen, wurde ein Flugkontingent für jeden Menschen eingerichtet. Ein Flug pro Person und Jahr, wer nicht flog, konnte sein Flugrecht verkaufen. Der Verzicht kurbelte den Erfindungsgeist an. Die ersten Flugzeuge, die mit Sonnenenergie fliegen[4], glitten bald über den Himmel. Die Industrie ließ endlich konsequent nach umweltfreundlichen Alternativen zu Haarsprays, Lackfarben oder Filzstiften forschen. Umweltschädliche Produkte waren verboten.

Genauso wie es Anfang des 21. Jahrhunderts cool wurde, weniger zu rauchen und mehr für die Gesundheit zu tun, genauso fingen die Menschen in den 2020er-Jahren an, die Umwelt wirklich zu schützen. Umweltverschmutzung und Ressourcenverschwendung wurden uncool[5], Fast-Food-Ketten mussten auf Mehrwegverpackungen umstellen, weil niemand mehr Burger und Bratnudeln in Polystyrol- oder Pappverpackungen kaufen wollte. In jedem Land etablierte sich ein Pfandsystem für Verpackungen, sodass man sein Brot oder den Kaffee to go auch kaufen konnte, wenn man gerade keinen Stoffbeutel oder Kaffeebecher dabeihatte. Die Verpackungen können in jedem Lebensmittelgeschäft zurückgegeben werden, den Pfand bekommt man zurück. Wo das nicht geht, werden Produkte in Packungen aus Seetang und Seegras verpackt. Die kann man sogar essen. Und Seetang kann einfach an fast jeder Küste angebaut werden, dafür müssen also keine Felder bebaut werden.[6]

Jedes Land kümmert sich selbst um seinen Müll, Müllexporte sind verboten. Und es ist gesetzlich vorgeschrieben, dass Verpackungen und Produkte vollständig recycelt werden können. Das C2C-Prinzip (s. S. 138) wird konsequent umgesetzt.

Auf den Straßen ist eine Spur reserviert für Solarbusse, Elektrotaxen und Rettungsfahrzeuge. Der Rest gehört den Fahrrädern, Lastenrädern[7], Elektrorollern[8], E-Bikes. Auch das letzte Dorf wird regelmäßig von öffentlichen Verkehrsmitteln angefahren. Per App oder an einer Säule an der Haltestelle können die Menschen Fahrten und eine Wunschzeit anmelden. So kann jeder von zu Hause abgeholt werden, wie es die Schulbusse in den USA schon lange machen. Produkte werden mit Elektrozügen, mit LKW, die mit Gas aus Biomüll fahren und mit Segel-Frachtschiffen[9] transportiert.

Als manche Produkte durch die CO_2- und Umwelt-Steuer viel teurer wurden, schossen Verleih-Läden aus dem Boden. Dort lassen sich Dinge, die man nur selten braucht, für wenig Geld mieten, Bohrmaschinen, Schlauchboote für den Sommerurlaub oder Wanderkleidung für die Reise im Herbst. Die Menschen genießen es inzwischen, weniger Zeug zu besitzen und trotzdem alles zur Verfügung zu haben. Sie teilen mehr. Das begann schon Anfang des 21. Jahrhunderts mit Carsharing, Mitfahrgelegenheiten und Kleidertauschpartys. WGs, also das Teilen von Wohnungen, gab es schon viel länger.

Die Menschen leben in Häusern, die man früher Earthship nannte. Heute ist jedes Haus so (um-)gebaut, dass es völlig autark funktioniert. Die Dächer bestehen aus Solarpanelen, Häuser werden per Wärmepumpe geheizt. Viele Häuser produzieren auf diese Weise sogar mehr Energie, als ihre Bewohner verbrauchen. An den Wänden und auf manchen Dächern wachsen Moos, Gemüsepflanzen, Beerenranken. Die Pflanzen kühlen die Gebäude, nehmen CO_2 auf und liefern sogar Obst, Gemüse und Kräuter. Große Fensterfronten sind nach Süden hin ausgerichtet. So heizen sich die Häuser durch Sonnenwärme auf, auch das Wasser wird von der Sonne erwärmt. Wärmespeicher halten Haus und Wasser warm, auch wenn die Sonne nicht scheint. Aus der Leitung kommt aufbereitetes Regenwasser, Abwasser wird noch einmal für die Toilettenspülung oder – gefiltert – zum Wässern der hauseigenen Gemüsegärten verwendet. Neue

Häuser werden nur noch mit Material aus der Region, etwa Lehm und Holz, und aus recyceltem Material gebaut, aus Bauschutt und Altglas.[10] Wohnungen dürfen nicht mehr ohne guten Grund leer stehen, so will man vermeiden, dass neue Häuser gebaut werden müssen. Wer allein in mehr als zwei Zimmern wohnt, zahlt eine Raumsteuer.

Weil in den Städten viel weniger Fahrzeuge fahren und Fahrräder wenig Platz brauchen, gibt es wieder mehr Grünflächen, Kinder können draußen spielen. Parkplätze wurden zu Parks, auf Schnellstraßen stehen Windräder und Strommasten, in Autohäusern werden Salat, Grünkohl und Pilze angebaut. Überall wächst Essbares, das jeder ernten kann, in Parks, vor und auf den Häusern.[11] Stadtpfleger sind für die öffentlichen Gärten und Grünanlagen zuständig. In unterirdischen Parkhäusern und Tiefgaragen wurden Nachbarschaftswohnzimmer, Fitnessräume, Werkstätten und Spielzimmer für die Anwohner eingerichtet.

Strom stammt nur noch aus erneuerbaren Energien, aus Sonne, Wind, Wasser, Erdwärme, kinetischer Energie und Höhenwind. Flugdrachen in großer Höhe fangen den Wind ein, der dort ununterbrochen weht, sie kosten weniger als Windmühlen und keiner beschwert sich über den Lärm oder die Unansehnlichkeit der Windräder. Solarzellen und Windkraftanlagen sind viel effizienter geworden. Trotzdem wird weiterhin Strom gespart und auf Energieeffizienz geachtet.

Anlagen wurden weiterentwickelt, die CO_2 aus der Luft filtern.[12]

Kaffee, Schwarztee, Bananen, Ananas waren wegen der

CO_2-Steuer eine Zeit lang sehr teuer, sodass die Menschen Geschmack fanden an heimischen Teesorten, Malzkaffee und Obst aus der Region. Kaffee aus Eicheln, Marmelade aus Hagebutten und Brennnesselgulasch sind hier gerade der Renner, also Essen aus allem, was vor der Haustür in Deutschland wächst.

Wer Fleisch isst, isst fast nur noch künstlich hergestelltes Fleisch, gezüchtet aus den Stammzellen eines lebenden Tieres, das irgendwo glücklich auf einer Weide grast, bis es alt ist. Die Idee, essbare Würmer in einer Wurmkiste in der Küche zu halten und mit den eigenen Bioabfällen zu füttern, hat sich in Europa nicht durchgesetzt. Würmer mögen die Menschen weiterhin nicht. Burger aus Insekten essen dagegen mehr Leute, denn eigentlich sind Insekten nicht ekliger als das Fleisch von Säugetieren.

Eines der am häufigsten angebauten Lebensmittel sind Algen. Sie werden zu Öl verarbeitet, das Palmöl ersetzt hat.[13] Außerdem reinigen sie die Luft. In großen Rohren am Straßenrand filtern sie CO_2, Stickstoffe und Feinstaub aus der Luft.[14] Die Zahl der Menschen, die durch Luftverschmutzung sterben, ist seit 2020 drastisch gesunken.

Weil der Nahverkehr und Lebensmittel aus der Region günstig sind, jeder Mensch seine Ration an Strom und Wasser umsonst bekommt und viele Gegenstände nur noch gemietet oder getauscht werden, sparen die Menschen eine Menge Geld. Damit sie das Geld dann nicht in mehr Konsum investieren, hat die Regierung die Wochenarbeitszeit auf 20 Stunden herabgesetzt. Die Menschen verdienen weniger, haben aber mehr Freizeit.

»Ökodiktatur!«, riefen manche noch am Anfang und sehnten sich nach den Zeiten, als sie mit 200 Sachen über die Autobahn brettern konnten und zweimal im Jahr in den Urlaub flogen. Doch auch sie leben inzwischen gesünder, haben mehr Zeit für sich, Freunde und Familie. Kinder können es kaum glauben, wenn ihre Großeltern ihnen erzählen, dass sich früher in den Städten alles ums Auto drehte, dass draußen spielen gefährlich war und lieber Parkplätze gebaut wurden als Spielplätze. Wenn sie hören, dass vor 50 Jahren noch mehrere Hundert Radfahrende pro Jahr bei Unfällen mit Autos starben[15], klingt das für sie, wie wenn wir hören, dass Menschen vor 200 Jahren in europa reihenweise an Diphtherie oder Typhus starben.

Die Bevölkerungszahl stagniert. Weil ein Ende des Bevölkerungswachstums der beste Klimaschutz ist, haben gerade die Entwicklungsländer in Aufklärung über Familienplanung und in Sozialsysteme investiert. Denn Menschen bekommen weniger Nachwuchs, wenn sie bei Krankheit und im Alter nicht auf die Hilfe ihrer Kinder angewiesen sind.

Vor Kurzem haben Wissenschaftler verkündet, dass auf Hawaii nur noch ein CO_2-Gehalt von 343 ppm (s. S. 25) gemessen wurde, unserer Atmosphäre geht es also wieder besser. Sie sind zuversichtlich, dass die Menschheit nun endlich auf dem richtigen Weg ist. Und zusammenarbeitet für ein gemeinsames Ziel: ein gutes Leben für alle.

Das ist nur eine Utopie, also das Wunschbild einer Zukunft, wie sie sein könnte, wenn wir zusammenhalten.

Wenn Wirtschaft und Politik, Städte und Staaten, jeder einzelne Mensch mitmacht. Solch einen Wandel von einer verschwenderischen Wachstumsgesellschaft zu einer umweltbewussten, weltweiten Gemeinschaft erfordert diplomatisches Geschick, Expertenwissen und Verzicht von jedem.

Und das ist dringend nötig. Wenn du heute ein Teenager bist, wirst du wahrscheinlich noch erleben – und darunter leiden –, was geschieht, wenn wir unsere Lebensweise nicht ändern.[16]

Du lebst in einer spannenden Zeit. Noch nie stand die Menschheit vor so einer großen Aufgabe wie jetzt, in Zeiten der Klimakrise. Was wir heute tun, entscheidet darüber, ob du in wenigen Jahrzehnten noch gut leben kannst. Das ist eine gewaltige Aufgabe. Aber die Proteste gerade von Schülern und Studenten zeigen, dass die Menschen langsam erwachen, Veränderungen sehen wollen und bereit sind, für eine bessere Zukunft zu kämpfen.

Nur mal kurz die Welt retten geht nicht. Wir alle müssen mitmachen.

PS: Wenn du dieses Buch gelesen hast und nicht behalten willst, gib es weiter. An Freunde, die nächste Bücherei oder ein Buchtauschregal.

Quellen

Einstieg – Worum geht es hier eigentlich?

1 https://www.spiegel.de/wissenschaft/mensch/statistik-studie-hitze-sommer-2003-hat-70-000-europaeer-getoetet-a-473614.html
2 https://www.wwf.de/themen-projekte/projektregionen/nordost-atlantik/schwarze-raucher/
3 https://www.hamburg1.de/nachrichten/41074/Hitzerekord_in_Hamburg.html
4 https://www.mdr.de/nachrichten/vermischtes/schneesturm-wuetet-ueber-griechenland-100.html
5 https://www.focus.de/wissen/klima/duerre-in-deutschland-streit-ums-wasser-absehbar-trinkwasserversorger-warnen_id_10898008.html
6 https://www.spiegel.de/wissenschaft/natur/wetter-ungewoehnlich-lange-mild-im-november-a-1062292.html
7 http://nymag.com/intelligencer/2017/07/climate-change-earth-too-hot-for-humans.html
8 https://www.de-ipcc.de/media/content/Hauptaussagen_SROCC.pdf (S. 2)
9 https://www.heise.de/tp/features/Weltklima-auf-der-Kippe-4456028.html
10 https://www.zeit.de/wissen/umwelt/2018-10/ipcc-bericht-klima-weltklimarat-1-5-grad-erwaermung-suedkorea/komplettansicht
11 http://flood.firetree.net/
12 https://www.livescience.com/10325-living-warmer-2-degrees-change-earth.html
13 https://ec.europa.eu/clima/change/consequences_de
14 https://www.zdf.de/nachrichten/heute/rote-liste-wird-laenger-artensterben-geht-weitert-100.html

15 https://www.helmholtz.de/fileadmin/user_upload/IPBES-Factsheet.pdf
16 https://www.futurezone.de/science/article225944019/Ende-der-Menschheit-ab-2050-In-nur-30-Jahren-koennte-uns-die-Ausloeschung-drohen.html
17 https://www.futurezone.de/science/article225944019/Ende-der-Menschheit-ab-2050-In-nur-30-Jahren-koennte-uns-die-Ausloeschung-drohen.html
18 https://docs.wixstatic.com/ugd/148cb0_b2c0c79dc4344b279bcf2365336ff23b.pdf (S. 8)
19 https://www.sueddeutsche.de/wirtschaft/duerre-der-rhein-trocknet-aus-1.4177072
20 https://science.sciencemag.org/content/341/6151/1235367
21 https://www.spiegel.de/wissenschaft/natur/klimawandel-studie-ueber-gewalt-anstieg-stoesst-auf-heftige-kritik-a-913966.html
22 https://www.bz-berlin.de/welt/globale-erwaermung-ist-die-menschheit-in-30-jahren-am-ende Und https://openknowledge.worldbank.org/handle/10986/29461
23 https://www.tagesanzeiger.ch/leben/gesellschaft/die-vernunft-ist-gerade-auf-der-toilette/story/16715101
24 http://www.bbc.com/earth/story/20170504-there-are-diseases-hidden-in-ice-and-they-are-waking-up
25 https://de.wikipedia.org/wiki/Spanische_Grippe
26 https://www.sciencedaily.com/releases/2017/07/170703083252.htm
27 https://www.zeit.de/gesellschaft/zeitgeschehen/2019-02/studie-luftverschmutzung-todesfaelle-abgase-verkehr
28 https://www.zeit.de/wissen/umwelt/2018-08/klimawandel-erderwaermung-duerre-risiko-klima-forschung-kippelemente/komplettansicht
29 https://www.zeit.de/wissen/umwelt/2018-08/klimawandel-erderwaermung-duerre-risiko-klima-forschung-kippelemente/komplettansicht
30 https://www.dw.com/de/greta-thunberg-wir-müssen-alles-ändern/a-48931274

Teil 1 – Wie wir unsere Welt zerstören

Wie sich Wetter und Klima verändern

1 https://www.dwd.de/SharedDocs/faqs/DE/klima_faqkarussell/klimadaten_1.html

2 https://www.zeit.de/wissen/umwelt/2018-11/temperatur-rekord-waermstes-jahr-deutschland-dwd

3 https://www.faz.net/aktuell/wissen/erde-klima/klima-2019-war-der-waermste-juli-aller-zeiten-16292394.html

4 https://www.heise.de/tp/news/Klimawandel-Wo-ist-der-Winter-hin-4321601.html

5 https://climate.nasa.gov/news/2841/2018-fourth-warmest-year-in-continued-warming-trend-according-to-nasa-noaa/

6 https://www.uea.ac.uk/about/-/world-temperature-set-to-reach-1-c-marker-for-first-time

7 https://www.lernhelfer.de/schuelerlexikon/geschichte/artikel/die-industrielle-revolution

8 https://www.umweltbundesamt.de/themen/klima-energie/klimaschutz-energiepolitik-in-deutschland/treibhausgas-emissionen/die-treibhausgase

9 https://www.planet-wissen.de/natur/klima/erdatmosphaere/index.html

10 https://www.zeit.de/wissen/umwelt/2018-10/klimawandel-heisszeit-klima-globale-erwaermung-weltklimarat-ipcc-bericht/komplettansicht

11 https://www.klimafakten.de/behauptungen/behauptung-die-co2-emissionen-des-menschen-sind-winzig

12 https://www.deutschlandfunk.de/neue-rekordwerte-weltweiter-co2-ausstoss-so-hoch-wie-noch.697.de.html?dram:article_id=413722

13 https://www.umweltbundesamt.de/daten/klima/atmosphaerische-treibhausgas-konzentrationen#textpart-1

14 https://www.quarks.de/umwelt/klimawandel/so-eine-grosse-wirkung-hat-so-wenig-co2

15 https://www.duh.de/projekte/minus-methan/wissenswertes-ueber-methan/

16 https://www.ipcc.ch/site/assets/uploads/2019/03/SR1.5-SPM_de_barrierefrei-2.pdf
17 https://www.mcc-berlin.net/de/forschung/co2-budget.html
18 https://www.theguardian.com/environment/2018/oct/08/we-must-reduce-greenhouse-gas-emissions-tonet-zero-or-face-more-floods
19 https://www.wissenschaft.de/umwelt-natur/die-5-groessten-katastrophen/
20 https://www.theguardian.com/environment/2019/may/17/why-the-guardian-is-changing-the-language-it-uses-about-the-environment
21 https://www.fh-kiel.de/fileadmin/data/wirtschaft/dozenten/schneider_stephan/Science/ResearchReport/Informations pathologien.pdf (S. 8)
22 https://www.spiegel.de/wissenschaft/natur/studie-exxonmobil-soll-oeffentlichkeit-beim-klimawandel-irregefuehrt-haben-a-1164218.html
23 https://www.spiegel.de/wissenschaft/natur/trumps-neue-attacken-auf-die-klimaforschung-a-1269682.html
24 https://www.nytimes.com/2019/05/27/us/politics/trump-climate-science.html
25 https://www.spiegel.de/wissenschaft/natur/klimawandel-97-prozent-konsens-bei-klimaforschern-inder-kritik-a-992213.html
26 https://www.zdf.de/nachrichten/heute/studien-widerlegen-klimaskeptiker-100.html

Energie – Das CO_2, das aus der Tiefe kommt

1 https://www.umweltbundesamt.de/themen/klima-energie/treibhausgas-emissionen/emissionsquellen#textpart-1
2 https://www.stern.de/politik/deutschland/fuer-die-kohle--dieses-dorf-in-der-lausitz-muss-der-industrie-weichen-8581830.html
3 https://www.fluter.de/chronologie-hambacher-forst-proteste
https://www.wwf.de/fileadmin/fm-wwf/Publikationen-PDF/WWF-Hintergrundinformation-Profit-um-jeden-Preis-OElfoerderung-in-Naturregionen.pdf (S. 57)
4 https://www.geo.de/natur/oekologie/2906-rtkl-erdgasfoerderung-fracking-das-sollten-sie-wissen

5 https://www.spiegel.de/wirtschaft/soziales/niger-areva-baut-im-grossen-stil-uran-ab-und-schadet-der-umwelt-a-934979.html

Verkehr – Immer schneller, höher, dreckiger

1 https://www.umweltbundesamt.de/bild/vergleich-der-durchschnittlichen-emissionen-0
2 https://www.umweltbundesamt.de/themen/klima-energie/treibhausgas-emissionen/emissionsquellen
3 https://www.zeit.de/2016/17/feinstaub-autos-stuttgart-fahrverbot-reduzierung/komplettansicht
4 https://www.uni-bonn.de/neues/193-2018
5 https://krautreporter.de/2924-wie-das-leben-inmitten-einer-umweltkatastrophe-aussieht
6 https://www.presseportal.de/blaulicht/pm/6337/4114477
7 https://reset.org/knowledge/mangelware-wasser
8 https://www.icao.int/Newsroom/Pages/Solid-passenger-traffic-growth-and-moderate-air-cargo-demand-in-2018.aspx
9 https://www.scinexx.de/news/geowissen/drei-quadratmeter-eis-pro-tonne-co2/
10 https://www.spiegel.de/wissenschaft/mensch/klimawandel-flugverkehr-weltweit-erzeugte-2018-mehr-co2-als-deutschland-a-1287582.html
11 https://www.sueddeutsche.de/wissen/sonnenschutz-sonnencreme-zerstoert-das-meer-1.3571444
12 https://www.welt.de/wissenschaft/article123984127/Pisten-Beschneiung-foerdert-Katastrophen-im-Sommer.html

Ernährung – Wie die Natur für unser Essen bezahlt

1 https://www.umweltbundesamt.de/themen/wirtschaft-konsum/konsum-umwelt-zentrale-handlungsfelder
2 https://www.fleischwirtschaft.de/verkauf/nachrichten/Fleischkonsum-Pro-Kopf-Verzehr-steigt-leicht-38984
3 https://www.umweltbundesamt.de/themen/boden-landwirtschaft/umweltbelastungen-der-landwirtschaft
4 https://www.theguardian.com/environment/2019/may/06/human-society-under-urgent-threat-loss-earth-natural-life-un-report
5 http://www.fao.org/3/ar591e/ar591e.pdf

6 https://www.zeit.de/wissen/umwelt/2019-08/sonderbericht-klimawandel-ipcc-landflaechen-nutzung-nachhaltigkeit#1-mehr-felder-trotz-intensiver-landwirtschaft-noetig
7 https://www.wwf.de/themen-projekte/landwirtschaft/ernaehrung-konsum/fleisch/soja-als-futtermittel/
8 https://www.greenpeace.de/themen/landwirtschaft/fleischeslust-was-das-stuck-lebenskraft-tatsachlich-kostet
9 http://www.fao.org/faostat/en/#data/QA
10 https://www.theguardian.com/environment/2018/may/31/avoiding-meat-and-dairy-is-single-biggest-way-to-reduce-your-impact-on-earth
11 https://www.sueddeutsche.de/wirtschaft/guelle-und-grundwasser-so-ein-mist-1.3541887
12 https://www.greenpeace.de/themen/landwirtschaft/guelle-ohne-grenzen
13 https://www.spiegel.de/wissenschaft/natur/nitrat-im-grundwasser-deutschland-droht-strafe-von-850-000-euro-pro-tag-a-1278967.html
14 http://www.oekologisch-essen.de/content/06_infomaterial/pdf/130108_bund_landwirtschaft_fleischatlas.pdf
15 http://virtuelles-wasser.de/getreide.html
16 https://www.theguardian.com/environment/2019/may/06/human-society-under-urgent-threat-loss-earth-natural-life-un-report
17 https://www.dge.de/ernaehrungspraxis/vollwertige-ernaehrung/10-regeln-der-dge
18 https://www.theguardian.com/environment/2019/may/06/human-society-under-urgent-threat-loss-earth-natural-life-un-report
19 https://www.theguardian.com/environment/2019/may/06/human-society-under-urgent-threat-loss-earth-natural-life-un-report
20 www.peta.de/wasser
21 https://www.theguardian.com/environment/2019/may/06/human-society-under-urgent-threat-loss-earth-natural-life-un-report
22 https://www.nabu.de/natur-und-landschaft/meere/lebensraum-meer/gefahren/24428.html

23 https://www.bund.net/themen/landwirtschaft/folgen-fuer-die-umwelt/
24 https://www.botanikus.de/informatives/unser-boden
25 https://www.nytimes.com/2019/05/06/climate/biodiversity-extinction-united-nations.html
26 https://www.zdf.de/nachrichten/heute/durstiges-bio-100.html
27 https://earth.google.com/web/@37.97856468,-4.19019777,-199.00122797a,2502856.85857773d,35y,0h,0t,0r?beta=1
28 https://www.nabu.de/umwelt-und-ressourcen/oekologisch-leben/essen-und-trinken/14558.html
29 https://www.wwf.de/themen-projekte/landwirtschaft/produkte-aus-der-landwirtschaft/palmoel/
30 https://www.spiegel.de/spiegel/spiegelwissen/d-150555053.html
31 https://www.spiegel.de/wissenschaft/natur/artensterben-uno-bericht-beschreibt-dramatischen-verlust-der-artenvielfalt-a-1265482.html
32 https://www.umweltbundesamt.de/themen/boden-landwirtschaft/umweltbelastungen-der-landwirtschaft
33 https://www.nachhaltigeernaehrung.de/fileadmin/Publikationen/Oe_L-Klima_Ernaehrung-Koerber-Kretschmer_6.pdf (S. 22)
34 https://tappwater.co/us/how-many-people-consume-bottled-water-globally
35 https://www.test.de/Natuerliches-Mineralwasser-im-Test-4258945-5337025/
36 https://reset.org/knowledge/flaschenwasser---der-beste-marketingtrick-unserer-zeit
37 https://reset.org/knowledge/flaschenwasser---der-beste-marketingtrick-unserer-zeit
38 https://www.earthlink.de/2015/07/nestles-eiskaltes-geschaeft-mit-dem-wasser/
39 https://www.youtube.com/watch?v=pvRRXn5CCQI
40 https://www.tagesschau.de/wirtschaft/boerse/wasserknappheit-nestle-101.html
41 https://www.tagesschau.de/investigativ/report-muenchen/wasserknappheit-101.html

Konsum – Wie wir den Planeten kaputtkaufen

1 https://www.umweltbundesamt.de/themen/klima-energie/treibhausgas-emissionen/emissionsquellen
2 https://sz-magazin.sueddeutsche.de/die-loesung-fuer-alles/bluse-willst-du-ewig-leben-86385
3 https://www.planet-wissen.de/natur/umwelt/wasserversorgung_in_deutschland/pwiedasvirtuellewasseroderversteckteswasser100.html
4 https://www.greenpeace.de/themen/endlager-umwelt/textilindustrie-vergiftet-gewasser
5 https://www.bund.net/fileadmin/user_upload_bund/publikationen/meere/meere_mikroplastik_aus_textilien_faltblatt.pdf
6 https://www.sdw.de/waldwissen/wald-in-deutschland/waldanteil
7 https://www.wwf.de/themen-projekte/waelder/papierverbrauch/zahlen-und-fakten/
8 http://www.retourenforschung.de/definition_statistiken-retouren-deutschland.html
9 https://www.sueddeutsche.de/wirtschaft/amazon-gruene-retouren-1.4481185
10 https://www.nabu.de/tiere-und-pflanzen/artenschutz/19140.html
11 https://www.deutschlandfunk.de/vor-25-jahren-als-der-handel-mit-elfenbein-verboten-wurde.871.de.html?dram:article_id=300550
12 https://www.spiegel.de/wissenschaft/natur/artenschutz-flusspferde-sind-die-naechsten-opfer-dergier-nach-elfenbein-a-1196172.html
13 https://www.wwf.de/2018/oktober/china-auf-abwegen/
14 https://www.prowildlife.de/jagd-wilderei
15 https://www.prowildlife.de/affenwaisenhaus-kamerun/
16 https://de.whales.org/wdc-ziele/walfang-stoppen/wilderei/
17 https://awionline.org/press-releases/report-100000-dolphins-small-whales-and-porpoises-slaughtered-globally-each-year
18 https://www.nabu.de/tiere-und-pflanzen/artenschutz/nabu-aktivitaeten/21073.html
19 https://www.prowildlife.de/jagd-wilderei
20 https://www.spiegel.de/wissenschaft/natur/zement-der-unbekannte-co2-schlucker-a-1122551.html

21 https://www.zdf.de/dokumentation/planet-e/planet-e-zement---der-heimliche-klimakiller-100.html
22 https://www.spiegel.de/wissenschaft/natur/warnung-der-uno-der-sand-wird-knapp-a-1266104.html
23 https://www.spiegel.de/wissenschaft/natur/groenland-arktis-insel-koennte-sand-fuer-die-welt-liefern-a-1259023.html
24 https://www.tagesschau.de/ausland/bauboom-sand-101.html
25 https://www.sueddeutsche.de/wirtschaft/journalismus-indien-sand-1.4492445
26 https://www.spiegel.de/wissenschaft/natur/groenland-arktis-insel-koennte-sand-fuer-die-welt-liefern-a-1259023.html

Müll – Aus den Augen, ...

1 https://www.zeit.de/wissen/umwelt/2018-07/muell-bioplastik-plastik-plastikmuell-recycling/komplettansicht
2 http://www.bpb.de/apuz/281497/was-passiert-mit-unserem-muell?p=all
3 https://ze.tt/so-geht-ein-leben-ohne-muell/
4 https://www.sueddeutsche.de/wissen/muell-kreislauf-das-deutsche-recycling-maerchen-1.3491734
5 https://www.duh.de/fileadmin/user_upload/download/Projektinformation/Kreislaufwirtschaft/DUH_Coffee_to_go_FactSheet.pdf
6 https://www.stern.de/wirtschaft/muell/das-muell-maerchen--wo-unser-abfall-landet-und-was-daraus-entsteht-7844304.html#mg-2_1561295777708
7 https://www.stern.de/wirtschaft/muell/das-muell-maerchen--wo-unser-abfall-landet-und-was-daraus-entsteht-7844304.html#mg-2_1561295777708
8 https://www.fr.de/wirtschaft/trickserei-beim-recycling-10952501.html
9 https://www.faz.net/aktuell/wirtschaft/deutschland-versinkt-im-plastikmuell-15374075.html
10 https://www.tagesschau.de/investigativ/monitor/polen-illegaler-abfall-101.html
11 https://www.gruene-bundestag.de/umwelt/deutschland-ist-nicht-recyclingweltmeister.html

12 https://www.sueddeutsche.de/wissen/muell-kreislauf-das-deutsche-recycling-maerchen-1.3491734
13 https://www.sueddeutsche.de/wissen/muell-die-geheimen-schaetze-der-muelldeponien-1.3491178
14 https://www.planet-wissen.de/kultur/afrika/ghana/pwiegiftigerelektromuell100.html
15 https://www.sueddeutsche.de/panorama/muell-was-ist-schlimmer-hundekot-oder-hundekotbeutel-1.3489244
16 https://www.sciencedaily.com/releases/2017/07/170719140939.htm
17 https://www.stern.de/wirtschaft/muell/das-muell-maerchen--wo-unser-abfall-landet-und-was-daraus-entsteht-7844304.html#mg-2_1561295777708
18 https://www.zdf.de/nachrichten/heute/plastikatlas-nur-bruchteil-in-deutschland-wiederverwertet-100.html
19 https://www.wissenschaft.de/umwelt-natur/wie-viel-oel-steckt-in-plastiktueten/
20 https://www.duh.de/mehrweg-klimaschutz0/einweg-plastikflaschen/
21 https://www.duh.de/themen/recycling/plastik/plastiktueten/
22 https://www.zdf.de/nachrichten/heute/plastikatlas-nur-bruchteil-in-deutschland-wiederverwertet-100.html
23 https://www.greenpeace.de/microsite/general/76?utm_campaign=plastic
24 https://www.zeit.de/2015/26/plastikmuell-nordsee-recycling-umweltschutz/komplettansicht
25 https://www.meduniwien.ac.at/web/ueber-uns/news/detailseite/2018/news-im-oktober-2018/erstmals-mikroplastik-im-menschen-nachgewiesen/
26 https://www.umweltbundesamt.de/themen/wasser/gewaesser/meere/nutzung-belastungen/muell-im-meer
27 https://www.stern.de/panorama/weltgeschehen/millionen-lego-plastik-teile-an-strand-gespuelt-nach-schiffsunglueck-7546228.html
28 youtu.be/zYuvTYJohGk
29 https://www.nature.com/articles/s41598-018-22939-w
30 https://www.nationalgeographic.de/planet-or-plastic/2018/04/8-millionen-tonnen-plastik-landen-jaehrlich-im-meer

31 https://edition.cnn.com/travel/article/victor-vescovo-deepest-dive-pacific/index.html
32 https://www.sueddeutsche.de/wissen/schnee-mikroplastik-umweltverschmutzung-1.4563182
33 https://www.youtube.com/results?search_query=schildkröte+plastikmüll
34 https://www.theguardian.com/environment/2019/may/06/human-society-under-urgent-threat-loss-earth-natural-life-un-report
35 http://oceansandplastics.info/wp-content/uploads/2015/07/REP_WSPA_2012.pdf
36 https://www.zeit.de/wissen/umwelt/2018-07/plastik-meer-tiefsee-nordpazifik-muellstrudel-oekosystem/komplettansicht
37 https://www.meduniwien.ac.at/web/ueber-uns/news/detailseite/2018/news-im-oktober-2018/erstmals-mikroplastik-im-menschen-nachgewiesen/
38 https://www.theguardian.com/environment/2019/may/06/human-society-under-urgent-threat-loss-earth-natural-life-un-report

Tod, Leid und Umweltverschmutzung

1 https://www.spiegel.de/wissenschaft/natur/marshallinseln-warnung-der-un-atomsarg-im-pazifik-wird-undicht-a-1268659.html
2 https://www.umweltnetz-schweiz.ch/themen/gesundheit/1858-agent-orange-tödliche-hinterlassenschaft.html
3 https://www.imi-online.de/2019/06/21/krieg-ist-der-groesste-klimakiller/
4 https://perspective-daily.de/article/44/HSpQ7OSR
5 https://www.sueddeutsche.de/wissen/motivationsforschung-das-machen-alle-so-1.4348918

Die Folgen

1 https://www.geo.de/geolino/natur-und-umwelt/2875-rtkl-globale-erwaermung-klimawandel-wie-der-mensch-die-erde-veraendert
2 https://www.theguardian.com/environment/2018/aug/06/domino-effect-of-climate-events-could-pushearth-into-a-hothouse-state?CMP=share_btn_tw
3 https://kids.greenpeace.de/thema/klima/klimawandel?type=knowledge&page=9

4 https://projekte.sueddeutsche.de/artikel/panorama/duerre-in-deutschland-e407144/

5 https://www.zeit.de/wissen/umwelt/2019-08/amazonas-waldbrand-brasilien-regenwald-jair-bolsonaro-umweltpolitik

6 https://www.faz.net/aktuell/wissen/erde-klima/feuer-im-polarkreis-die-arktis-brennt-16282777.html

7 https://www.faz.net/aktuell/politik/inland/bund-warnt-vor-zweitem-waldsterben-in-deutschland-16300414.html

8 https://www.deutschlandfunk.de/mehr-co2-weniger-vitamine-wie-der-klimawandel-die.676.de.html?dram:article_id=418596

9 https://www.wetterdienst.de/Deutschlandwetter/Thema_des_Tages/3659/ein-schlafender-riese-erwacht-permafrost

10 https://www.helmholtz.de/erde_und_umwelt/gefahr-aus-der-kaelte/

11 https://www.spiegel.de/wirtschaft/soziales/weltbank klimawandel-koennte-140-millionen-menschen-heimat-kosten-a-1198918.html

12 https://www.greenpeace.de/presse/presseerklaerungen/200-millionen-klimafluchtlinge-bis-2040

13 https://kids.greenpeace.de/thema/klima/klimawandel?type=knowledge&page=10

14 https://www.zdf.de/nachrichten/heute/weltbericht-menschheit-tilgt-die-natur-von der-erde-100.html

15 https://www.nytimes.com/2019/05/06/climate/biodiversity-extinction-united-nations.html

16 https://www.helmholtz.de/fileadmin/user_upload/IPBES-Factsheet.pdf (S. 9)

17 https://www.theguardian.com/environment/2019/may/06/human-society-under-urgent-threat-loss-earth-natural-life-un-report

18 https://www.nytimes.com/2019/05/06/climate/biodiversity-extinction-united-nations.html

19 https://www.theguardian.com/environment/2019/may/06/human-society-under-urgent-threat-loss-earth-natural-life-un-report

20 https://www.spiegel.de/wirtschaft/service/bienensterben-penny-aktion-in-hannover-so-leer-waereein-supermarkt-ohne-bienen-a-1207703.html

21 https://www.sueddeutsche.de/wissen/insektensterben-voegel-naturschutz-1.4390195

22 https://www.zdf.de/nachrichten/heute/rote-liste-wird-laenger-artensterben-geht-weitert-100.html
23 https://www.nationalgeographic.de/umwelt/2017/03/wird-die-menschheit-das-sechste-grosse-massenaussterben-ueberleben
24 https://www.acatech.de/wp-content/uploads/2019/05/acatech_Studie_Mobilitaet_Grafiken_final2_060519.pdf S. 16
25 https://www.tagesschau.de/inland/deutschlandtrend-1629~_origin-dd64f5c3-1552-4c1f-8854-e8f05e0dd68f.html
26 https://newrepublic.com/article/135684/declare-war-climate-change-mobilize-wwii

Teil 2 –
Was wir bisher tun (ist nicht genug)

Da muss die Politik ran

1 https://www.spiegel.de/politik/deutschland/nebeneinkuenfte-im-bundestag-was-abgeordnete-dazuverdienen-a-1200365.html
2 https://www.spiegel.de/politik/deutschland/cdu-beerdigt-co2-steuer-vorschlag-aus-klimapapier-gestrichen-a-1265634.html
3 https://www.abgeordnetenwatch.de/blog/2017-08-02/abgeordnete-kassierten-millionen-aus-der-wirtschaft
4 https://www.lobbycontrol.de/schwerpunkt/seitenwechsel/
5 https://www.lobbycontrol.de/schwerpunkt/lobbyregister/

Was die Politik tun kann

1 https://www.adac.de/rund-ums-fahrzeug/abgas-diesel-fahrverbote/abgasnorm/wltp-messverfahren/
2 https://www.zdf.de/kinder/logo/subventionen-100.html
3 https://www.umweltbundesamt.de/themen/wirtschaft-konsum/wirtschaft-umwelt/umweltschaedliche-subventionen#textpart-1
4 https://www.dw.com/de/steuergeschenke-für-umweltsünder/a-37085157
5 https://www.umweltbundesamt.de/themen/wirtschaft-konsum/wirtschaft-umwelt/umweltschaedliche-subventionen#textpart-3
6 https://faktenfinder.tagesschau.de/autoindustrie-subventionen-101.html

7 https://krautreporter.de/2888-brussel-unsere-schweine-brauchen-dich
8 https://www.spiegel.de/wirtschaft/service/mehrwertsteuer-auf-diese-produkte-faellt-der-ermaessigte-satz-an-a-1280896.html
9 https://www.umweltbundesamt.de/themen/wirtschaft-konsum/wirtschaft-umwelt/umweltschaedliche-subventionen#textpart-3

Wie Staaten zusammenarbeiten

1 https://trove.nla.gov.au/newspaper/article/100645214
2 https://www.greenpeace.de/themen/klimawandel/klimaschutz/internationale-klimakonferenzen
3 https://data.worldbank.org/indicator/EN.ATM.GHGT.ZG?view=chart
4 https://www.zeit.de/kultur/2018-10/klimawandel-schuld-anerkennung-klimakrieg-weltklimakonferenz/komplettansicht
5 https://newrepublic.com/article/135684/declare-war-climate-change-mobilize-wwii
6 https://www.washingtonpost.com/gdpr-consent/?destination=%2fenergy environment%2f2018%2f12%2f12%2fheres-what-election-means-us-withdrawal-paris-climate-deal%2f%3f
7 https://www.spiegel.de/wissenschaft/natur/un-klimakonferenz-weltgemeinschaft-schafft-drehbuch-fuer-die-weltrettung-a-1243900.html
8 https://www.zeit.de/politik/deutschland/2019-02/klimaschutzbericht-ziele-2020-immissionen-klimawandel
9 https://www.swr.de/swraktuell/Petersberger-Dialog-Merkel-will-Klimaneutralitaet-bis-2050,klimadialog-in-berlin-100.html
10 https://climateactiontracker.org/countries/
11 https://www.spektrum.de/news/25-jahre-fckw-verbot-wie-steht-es-um-das-ozonloch/1352353
12 https://www.umweltbundesamt.de/themen/30-jahre-montrealer-protokoll-schutz-von
13 https://www.spiegel.de/wissenschaft/natur/antarktis-forscher-staunen-ueber-kleines-ozonloch-a-1287244.html
14 https://www.spiegel.de/wissenschaft/natur/uv-schutzschirm-forscher-entraetseln-ozonloch-ueber-der-arktis-a-789603.html

Energie – Woher unser Strom kommt

1 https://www.bmwi.de/Redaktion/DE/Dossier/erneuerbare-energien.html
2 https://de.statista.com/statistik/daten/studie/29295/umfrage/anteil-der-atomenergie-an-der-stromerzeugung-in-deutschland/
3 https://www.bmu.de/media/atomkraftwerke-in-deutschland-abschaltung-der-noch-betriebenen-reaktoren-gemaess-atomgesetz-atg/
4 https://www.bmwi.de/Redaktion/DE/Artikel/Wirtschaft/kohleausstieg-und-strukturwandel.html
5 https://www.deutschlandfunk.de/abschaltung-von-kohlekraft werken-wir-muessen-auf.697.de.html?dram:article_id=378524
6 https://www.spiegel.de/wissenschaft/mensch/klimawandel-ipcc-bericht-zum-1-5-grad-ziel-vorgestellt-a-1231805.html
7 https://www.faz.net/aktuell/politik/inland/fridays-for-future-das-sind-die-forderungen-der-aktivisten-16131051.html
8 https://www.deutschlandfunk.de/was-die-energiewende-bremst-1-6-erneuerbare-auf-kurs-aber.676.de.html?dram:article_id=399645
9 https://web.stanford.edu/group/efmh/jacobson/Articles/I/CombiningRenew/WorldGridIntegration.pdf
10 https://taz.de/Rohstoffe-fuer-Erneuerbare/!5501860/
11 https://www.bmwi.de/Redaktion/DE/Publikationen/Energie/erneuerbare-energien-in-zahlen-2017.pdf?__blob=publication File&v=27 (S. 32)
12 https://www.tagesschau.de/inland/kohleausstieg-113.html

Verkehr – Wohin wir unterwegs sind

1 https://www.deutschebahn.com/de/konzern/konzernprofil/zahlen_fakten/puenktlichkeitswerte-1187696
2 https://krautreporter.de/2482-so-konnen-stadte-einen-kostenlosen-nahverkehr-einfuhren
3 https://www.zeit.de/mobilitaet/2018-02/kostenloser-nahverkehr-oepnv-tallinn-estland/komplettansicht
4 https://www.bazonline.ch/basel/stadt/trotz-fahrverbot-viele-autos-in-der-innenstadt/story/17693269
5 https://www.hamburg.de/durchfahrtsbeschraenkungen/11067 546/dieseldurchfahrtsbeschraenkungen-faq/

6 https://www.mdr.de/nachrichten/ratgeber/neu-ab-april-muetterrente-diesel-fahrverbote-schwangerschaftsabbrueche-lohn-gurken-google-100.html
7 https://www.deutschlandfunk.de/klimaschutz-madrid-schraenkt-den-stadtverkehr-ein.1773.de.html?dram:article_id=434649
8 https://www.zdf.de/nachrichten/heute/weniger-autos-in-madrids-innenstadt-no2-werte-sinken-drastisch-100.html
9 https://www.zdf.de/nachrichten/heute-sendungen/videos/umweltmaut-gegen-schmutzige-luft-100.html
10 https://www.diamantrad.com/blog/fahrradstadt-kopenhagen/
11 https://www.windkraft-journal.de/2017/01/06/bio-methan-mit-vier-ballen-stroh-ein-ganzes-jahr-lang-autofahren/96350
12 https://www.adac.de/verkehr/tanken-kraftstoff-antrieb/alternative-antriebe/co2-treibhausgasbilanz-studie/?redirectId=quer.Oekobilanz%202018
13 https://www.br.de/nachrichten/wissen/faktenfuchs-wie-umweltfreundlich-sind-elektroautos,RGBSYTj
14 https://www.br.de/nachrichten/wissen/faktenfuchs-wie-umweltfreundlich-sind-elektroautos,RGBSYTj
15 https://www.sueddeutsche.de/auto/ihre-frage-warum-darf-man-in-deutschland-fast-grenzenlos-rasen-1.2126925
16 https://www.deutschlandfunk.de/chinesen-auf-deutschen-auto bahnen-ein-ganz-besonderer-thrill.1773.de.html?dram:article_id=393689
17 https://www.umweltbundesamt.de/themen/verkehr-laerm/verkehrsplanung/tempolimit#textpart-2
18 https://www.spiegel.de/auto/aktuell/tempolimit-auf-autobahnen-liebe-macht-blind-a-898824.html
19 https://www.duh.de/tempolimit/
20 https://www.tagesschau.de/wirtschaft/verbrennungsmotor-international-101.html

Wie wir mit CO_2 umgehen können

1 https://www.spiegel.de/wissenschaft/mensch/klimawandel-wir-schuetzen-die-profiteure-der-katastrophe-a-1264618.html
2 https://www.umweltbundesamt.de/presse/pressemitteilungen/hohe-kosten-durch-unterlassenen-umweltschutz

3 https://www.spiegel.de/wirtschaft/klimaschutz-so-koennte-eine-deutsche-co2-steuer-funktionieren-a-1264459.html
4 https://www.tagesschau.de/inland/co-zwei-steuer-101.html
5 https://www.sueddeutsche.de/wirtschaft/frankreich-macron-protest-gilets-jaunes-1.4214095
6 https://www.tagesspiegel.de/wirtschaft/klimaschutz-das-wunder-der-schwedischen-co2-steuer/24161896.html
7 https://www.zeit.de/wirtschaft/2019-08/co2-preis-steuerreform-zertifikatehandel-klimaschutz-laenderueberblick
8 https://www.zeit.de/wirtschaft/2019-05/klimaschutz-iwf-co2-steuer-kraftstoffe-pariser-klimaabkommen
9 https://krautreporter.de/2899-11-fragen-und-antworten-zur-co2-steuer
10 https://www.spiegel.de/wissenschaft/mensch/fridays-for-future-das-bedeuten-die-forderungen-fuer-die-verbraucher-a-1261933.html
11 http://taz.de/Debatte-um-Abgabe-auf-CO2/!5588212/
12 https://www.worldbank.org/en/programs/pricing-carbon
13 https://www.zeit.de/wirtschaft/2019-05/klimaschutz-iwf-co2-steuer-kraftstoffe-pariser-klimaabkommen
14 https://www.vox.com/2018/10/10/17952334/climate-change-global-warming-un-ipcc-report-solutions-carbon-tax-electric-vehicles
15 https://www.houstonchronicle.com/business/columnists/tomlinson/article/Baby-boomer-are-stealing-from-Millennials-13302287.php
16 https://www.finanzen.net/rohstoffe/co2-emissionsrechte
17 https://www.zdf.de/nachrichten/heute/wie-funktioniert-die-co2-steuer-100.html
18 https://www.capital.de/wirtschaft-politik/klimapraemie-statt-co2-steuer?article_onepage=true
19 https://www.spiegel.de/wissenschaft/mensch/klimawandel-ipcc-bericht-zum-1-5-grad-ziel-vorgestellt-a-1231805.html
20 https://www.tagesschau.de/ausland/klimawandel-aufforstung-eth-101.html
21 https://www.pflanzenforschung.de/de/journal/journalbeitrage/gruene-lunge-atmet-tief-durch-841

22 https://e360.yale.edu/digest/planting-1-2-trillion-trees-could-cancel-out-a-decade-of-co2-emissions-scientists-find
23 https://www.trilliontreecampaign.org/
24 https://www.spiegel.de/wissenschaft/natur/waelder-drei-billionen-baeume-auf-der-erde-a-1051167.html
25 https://thebulletin.org/2016/10/wed-have-to-finish-one-new-facility-every-working-day-for-the-next-70-years-why-carbon-capture-is-no-panacea/
26 https://www.theguardian.com/environment/2018/oct/08/we-must-reduce-greenhouse-gas-emissions-tonet-zero-or-face-more-floods
27 https://www.klimareporter.de/technik/die-wahl-zwischen-ccs-und-geoengineering
28 https://www.washingtonpost.com/climate-environment/2019/02/06/wildfires-hurricanes-other-extreme-weather-cost-nation-lives-nearly-billion-damage-during/
29 https://www.nytimes.com/2019/05/06/climate/biodiversity-extinction-united-nations.html
30 https://www.ipbes.net/system/tdf/2018_americas_full_report_book_v5_pages_0.pdf?file=1&type=node&id=29404
31 https://www.theguardian.com/us-news/2019/may/13/the-planet-is-on-fucking-fire-bill-nye-is-getting-angry-about-climate change
32 https://www.climatechangenews.com/2019/05/24/bigger-palestinian-israeli-teens-strike-together-climate/

Ernährung – Essen für die Tonne

1 https://de.wfp.org/pressemitteilungen/un-bericht-die-zahl-der-hungernden-weltweit-steigt-zum-dritten-jahr-folge
2 https://de.statista.com/infografik/16586/lebensmittel verschwendung/
3 https://www.umweltbundesamt.de/themen/wider-die-verschwendung
4 https://www.wwf.de/themen-projekte/landwirtschaft/ernaehrung-konsum/das-grosse-wegschmeissen/
5 https://www.tagesschau.de/ausland/tschechien-lebensmittel-101.html
6 https://www.zeit.de/politik/ausland/2015-05/lebensmittel-verschwendung-frankreich

7 https://www.br.de/nachrichten/deutschland-welt/bekommt-deutschland-ein-gesetz-gegen-lebensmittelverschwendung,RGpTqJT
8 https://www.spiegel.de/wirtschaft/soziales/steuern-fuer-sach spenden-an-tafeln-lebensmittel-besser-wegwerfen-a-845365.html
9 https://www.umweltbundesamt.de/daten/flaeche-boden-land-oekosysteme/flaeche/struktur-der-flaechennutzung#textpart-2
10 https://www.topagrar.com/management-und-politik/news/spd-draengt-auf-rueckkehr-zur-flaechengebundenen-tierhaltung-11511321.html
11 https://www.katzbiotech.de/nuetzlinge-fuer-privatkunden/spinnmilbe/
12 https://www.b-tu.de/news/artikel/15365-wie-der-mix-aus-acker-baeumen-und-tieren-auf-dem-feld
13 https://perspective-daily.de/article/416/GmQrzHuU
14 https://www.spiegel.de/wirtschaft/service/mehrwertsteuer-auf-diese-produkte-faellt-der-ermaessigte-satz-an-a-1280896.html
15 http://www.db.zs-intern.de/uploads/1537345607-Langfassung Howmuchisthedish.pdf (S. 22)
16 https://www.sueddeutsche.de/wissen/klimawandel-ipcc-landwirt schaft-1.4556956
17 https://www.oekolandbau.de/handel/marktinformationen/der-biomarkt/marktberichte/ertraege-im-biologischen-und-konventionellen-landbau/

Konsum – Schlauer einkaufen

1 https://www.umweltbundesamt.de/themen/klima-energie/energiesparen/energieverbrauchskennzeichnung
2 https://www.obi.de/magazin/wohnen/energiesparlampen-so-finden-sie-die-richtige

Müll – Was man alles daraus machen kann

1 https://www.umweltbundesamt.de/themen/der-schatz-in-der-biotonne
2 https://www.umweltbundesamt.de/daten/ressourcen-abfall/verwertung-entsorgung-ausgewaehlter-abfallarten/bioabfaelle#textpart-1
3 https://www.stern.de/wirtschaft/muell/das-muell-maerchen--wo-unser-abfall-landet-und-was-daraus-entsteht-7844304.html

4 https://www.bvse.de/papier-recycling-2/recyclingquote.html
5 https://www.umweltbundesamt.de/daten/ressourcen-abfall/verwertung-entsorgung-ausgewaehlter-abfallarten/altpapier#textpart-1
6 https://www.stern.de/wirtschaft/muell/das-muell-maerchen--wo-unser-abfall-landet-und-was-daraus-entsteht-7844304.html#mg-1_1561295078637
7 https://www.gesetze-im-internet.de/elektrog_2015/__22.html
8 https://www.stern.de/wirtschaft/muell/das-muell-maerchen--wo-unser-abfall-landet-und-was-daraus-entsteht-7844304.html#mg-2_1561295777708
9 https://www.gruene-bundestag.de/themen/umwelt/deutschland-ist-nicht-recyclingweltmeister
10 https://www.zdf.de/nachrichten/heute/plastikatlas-nur-bruchteil-in-deutschland-wiederverwertet-100.html
11 https://www.nabu.de/umwelt-und-ressourcen/abfall-und-recycling/verbrennung/21106.html
12 https://sz-magazin.sueddeutsche.de/die-loesung-fuer-alles/bluse-willst-du-ewig-leben-86385
13 https://www.greenpeace.ch/de/medienmitteilung/38638/einwegplastik-genfer-verbot-ist-erfreulich-aber-unvollstaendig/
14 https://www.nabu.de/umwelt-und-ressourcen/oekologisch-leben/alltagsprodukte/19463.html
15 https://www.zeit.de/politik/deutschland/2018-05/plastiksteuer-eu-kommission-jyrki-katainen-bundesregierung
16 https://www.spiegel.de/wissenschaft/technik/plastikmuell-deutschland-recycelt-nur-5-6-prozent-des-abfalls-a-1248715.html
17 https://www.tagesschau.de/ausland/singapur-muell-101~_origin-3a60beeb-5cf9-47d9-85c6-d7efd1a5174e.html
18 https://www.faz.net/aktuell/stil/drinnen-draussen/petition-pfand-fuer-zigarettenstummel-16320876.html
19 https://www.sueddeutsche.de/wirtschaft/amazon-gruene-retouren-1.4481185
20 https://www.zeit.de/wirtschaft/2019-06/muellvermeidung-neuware-amazon-verbot-recycling-frankreich
21 https://www.bmu.de/themen/wasser-abfall-boden/abfallwirtschaft/abfallpolitik/kreislaufwirtschaft/

22 https://www.deutschlandfunk.de/nachhaltigkeit-als-schulfach-wegschmeissen-kommt-nicht.680.de.html?dram:article_id=443103

Zurück zur Natur!

1 https://de.wikipedia.org/wiki/Arabische_Oryx
2 https://www.biologie-seite.de/Biologie/Seychellendajal
3 https://www.nytimes.com/2019/05/06/climate/biodiversity-extinction-united-nations.html
4 https://www.nabu.de/natur-und-landschaft/fluesse/untere-havel/index.html
5 https://www.spiegel.de/wissenschaft/natur/warnung-der-uno-der-sand-wird-knapp-a-1266104.html
6 https://www.zdf.de/nachrichten/heute/kommentar-zum-ipcc-sonderbericht-handeln-sofort-100.html

Die Macht der Kunden

1 https://www.sueddeutsche.de/wirtschaft/aldi-plastiktueten-kosten-beutel-gemuese-obst-1.4480982
2 https://www.stern.de/neon/vorankommen/nachhaltigkeit/plastik-vermeiden--supermarkt-in-thailandverpackt-produkte-in-bananenblaettern-8660022.html
3 https://www.faz.net/aktuell/wirtschaft/unternehmen/co2-bosch-will-ab-2020-komplett-klimaneutral-sein-16178383.html
4 https://www.sciencedirect.com/science/article/abs/pii/S0167487018303155
5 https://www.zeit.de/die_antwort/2019-01/umweltschutz-einwegbecher-alltag-umweltbewusstseinkaffeebecher-alternative/komplettansicht
6 https://krautreporter.de/2027-wie-wir-unternehmen-dazu-bekommen-ethischer-zu-handeln
7 https://www.handelsblatt.com/finanzen/anlagestrategie/nachhaltigegeldanlage/kampf-gegen-den-klimawandel-darum-entdecken-die-finanzinvestoren-ihr-gruenes-gewissen/23242336.html?ticket=ST-37978-IRkQ6wa2BVNMrbYdYDGM-ap5
8 https://ze.tt/kann-man-mit-dem-wechsel-zu-oekostrom-tat saechlich-die-umwelt-schuetzen/

9 https://www.handelsblatt.com/unternehmen/handel-konsum gueter/umweltimage-wie-unternehmen-mit-greenwashing-kunden-taeuschen/24495962.html?ticket=ST-6309254-7CdJe GTiiDPCxPGVlFZw-ap6
10 https://utopia.de/greenwashing-produkte-27578/

Kreativ gegen die Klimakrise

1 https://theoceancleanup.com/
2 https://c2c-ev.de/c2c-konzept/designkonzept/
3 https://www.faz.net/aktuell/rhein-main/region-und-hessen/rmv-tochter-zuege-mit-brennstoffzellefuer-den-taunus-16198528.html
4 https://www.dnn.de/Dresden/Lokales/Cloud-Heat-Dresden-sieht-sich-auf-dem-Sprung-zum-Grossunternehmen
5 https://www.energieverbraucherportal.de/news/windraeder recyclen
6 https://www.businessinsider.de/waehrend-sich-die-autoindustrie-auf-e-autos-konzentriert-gelang-forscher-ein-durchbruch-auf-anderem-gebiet-2017-11
7 https://www.huffpost.com/entry/pavegen-soccer-field-lagos-nigeri a_n_569d467ae4b0778f46fa602c
8 https://krautreporter.de/1963-was-tun-wenn-es-im-meer-keine-fische-mehr-gibt
9 https://krautreporter.de/2747-warum-die-welt-nicht-untergeht-wenn-die-welt-untergeht
10 https://www.zeit.de/wissen/umwelt/2018-07/muell-bioplastik-plastik-plastikmuell-recycling/komplettansicht
11 https://www.troteclaser.com/de/anwendungen/natural-branding/
12 https://www.gruenderszene.de/perspektive/cirplus-startup-plastikmuell
13 https://www.bio-lutions.com/
14 guppyfriend.com
15 https://www.qmilkfiber.eu/
16 https://www.epo.org/learning-events/european-inventor/finalists/2019/feichtinger_de.html
17 https://www.sueddeutsche.de/wissen/geoengineering-klima wandel-klimaschutz-1.4363742
18 https://www.nationalgeographic.com/climate-change/how-to-fix-it/world.html

19 https://www.gp-award.com/de und https://greentechfestival.com/green-awards/
20 https://www.spiegel.de/wissenschaft/mensch/klimagipfel-in-paris-die-verflixten-1-5-grad-a-1067084.html
21 https://www.umweltbundesamt.de/presse/pressemitteilungen/klimabilanz-2018-45-prozent-weniger
22 https://www.umweltbundesamt.de/presse/pressemitteilungen/klimabilanz-2018-45-prozent-weniger
23 https://www.zeit.de/wirtschaft/2019-03/fridays-for-future-klimaschutz-energiewende

Teil 3 – Wie du die Welt rettest

Energie – Gewusst wie!

1 https://www.nabu.de/umwelt-und-ressourcen/klima-und-luft/klimawandel/06740.html
2 https://www.umweltbundesamt.de/sites/default/files/medien/381/publikationen/energiesparen-im-haushalt.pdf
3 https://www.nabu.de/umwelt-und-ressourcen/klima-und-luft/klimawandel/06740.html#9
4 https://www.test.de/Oekostromtarife-Guten-Oekostrom-waehlen-4324812-4324817/
5 https://www.deutschlandfunknova.de/beitrag/co2-abdruck-jede-sekunde-googeln-verbraucht-23-baeume
6 https://www.dasding.de/lifestyle/Mails-loeschen-fuer-die-Umwelt,co2-sparen-im-alltag-100.html
7 https://www.nabu.de/umwelt-und-ressourcen/klima-und-luft/klimawandel/06740.html#2
8 https://www.umweltbundesamt.de/sites/default/files/medien/381/publikationen/energiesparen-im-haushalt.pdf (S. 12)
9 https://www.nabu.de/umwelt-und-ressourcen/klima-und-luft/klimawandel/06740.html#3
10 http://www.bpb.de/gesellschaft/umwelt/klimawandel/38596/der-mensch-als-klimaschuetzer
11 https://www.nabu.de/umwelt-und-ressourcen/klima-und-luft/klimawandel/06740.html#6

12 https://www.umweltbundesamt.de/sites/default/files/medien/381/publikationen/energiesparen-im-haushalt.pdf (S. 34)
13 https://www.geo.de/natur/nachhaltigkeit/19353-rtkl-teufelskreis-wie-klimaanlagen-das-klima-aufheizen
14 https://www.geo.de/natur/nachhaltigkeit/18990-rtkl-so-bleibt-die-hitze-draussen-diese-fuenf-tipps-sparen-eine
15 https://www.umweltbundesamt.de/themen/chemikalien/wasch-reinigungsmittel/umweltbewusst-waschen-reinigen/phosphat freie-textilwaschmittel
16 https://www.umweltbundesamt.de/sites/default/files/medien/381/publikationen/energiesparen-im-haushalt.pdf (S. 13)
17 https://www.bmu.de/ziek/klimaschutz-erfrischt/
18 https://www.umweltbundesamt.de/themen/wasser/gewaesser/meere/nutzung-belastungen/muell im meer
19 https://www.handelsblatt.com/technik/energie-umwelt/klima-orakel-klimaschutz-durch-wassersparen/4421040.html
20 www.foerderdatenbank.de

Verkehr – Schlauer unterwegs

1 https://www.finanztip.de/carsharing/kostenvergleich/
2 https://www.quarks.de/technik/mobilitaet/gruen-reisen-ist-das-moeglich/
3 https://www.dw.com/de/wie-gr%C3%BCn-ist-die-deutsche-bahn-wirklich/a-41894678
4 https://www.spiegel.de/wirtschaft/klimawandel-das-koennen-sie-persoenlich-dagegen-tun-a-1240539.html
5 https://www.nabu.de/umwelt-und-ressourcen/klima-und-luft/klimawandel/06740.html#10
6 https://www.nabu.de/tiere-und-pflanzen/artenschutz/19140.html
7 https://www.geo.de/reisen/reisewissen/4223-rtkl-zoll-zollkontrolle-verbotene-souvenirs
8 https://www.nabu.de/tiere-und-pflanzen/artenschutz/19140.html

Ernährung – Besser essen, für dich und die Welt

1 https://www.verbraucherzentrale.de/wissen/lebensmittel/lebensmittelproduktion/wie-viel-fleischist-das-richtige-mass-5535
2 https://www.theguardian.com/environment/2018/oct/10/huge-reduction-in-meat-eating-essential-toavoid-climate-breakdown

3 https://www.zdf.de/nachrichten/heute/kommentar-zum-ipcc-sonderbericht-handeln-sofort-100.html
4 https://www.theguardian.com/environment/2018/may/31/avoiding-meat-and-dairy-is-single-biggest-way-to-reduce-your-impact-on-earth
5 https://www.nachhaltigeernaehrung.de/fileadmin/Publikationen/Oe_L-Klima_Ernaehrung-Koerber-Kretschmer_6.pdf (S. 20)
6 https://www.livinfarms.com/start-german
7 https://www.sonneundstrand.de/umweltbewusstsein/E-Book-Umwelttipps.pdf (S. 60)
8 https://taz.de/Bio-Landwirtschaft-und-Klimaschutz/!5335822/
9 https://www.nachhaltigeernaehrung.de/fileadmin/Publikationen/Oe_L-Klima_Ernaehrung-Koerber-Kretschmer_6.pdf (S. 22)
10 https://www.zdf.de/nachrichten/heute/oekobilanz-der-spanischen-tomate-100.html
11 http://www.klimaretter.info/umwelt/nachricht/24464-zucker rohr-statt-regenwald
12 https://utopia.de/ratgeber/kosmetik-ohne-palmoel/
13 https://www.spiegel.de/panorama/justiz/containern-bleibt-illegal-a-1271261.html
14 https://www.bzfe.de/inhalt/lebensmittel-richtig-lagern-645.html
15 https://www.transform-magazin.de/lebensmittel-umsonst-weil-sie-es-wert-sind/
16 https://www.trinkwasser-wissen.net/service/faq/kosten-leistungs wasser
17 https://www.verbraucherzentrale.de/wissen/lebensmittel/gesund-ernaehren/mineralwasser-quellwasser-tafelwasser-und-co-13225
18 https://www.test.de/Natuerliches-Mineralwasser-im-Test-4258945-0/
19 https://www.umweltbundesamt.de/themen/durchblick-im-siegeldschungel
20 https://www.wwf.de/themen-projekte/meere-kuesten/fischerei/nachhaltige-fischerei/der-marine-stewardship-council-msc/

Konsum – Erst denken, dann kaufen

1 https://www.sueddeutsche.de/leben/moderne-sammelwut-wenn-besitz-zur-last-wird-1.1089089

2 https://www.peta.de/warum-noch-immer-tierversuche-fuer-kosmetik-durchgefuehrt-werden
3 https://www.wwf.de/aktiv-werden/tipps-fuer-den-alltag/holz-und-papier/papier-und-waldschutz/

Müll – Besser ist nichts

1 https://www.nabu.de/umwelt-und-ressourcen/oekologisch-leben/alltagsprodukte/19463.html
2 https://www.zeit.de/wissen/umwelt/2018-08/abfallentsorgung-muell-mythen-plastik-recycling-wegwerfen-muelltonne-irrtuemer
3 https://www.zeit.de/wissen/umwelt/2018-07/muell-bioplastik-plastik-plastikmuell-recycling/komplettansicht
4 https://www.nabu.de/umwelt-und-ressourcen/oekologisch-leben/alltagsprodukte/19463.html
5 https://utopia.de/galerien/leben-ohne-plastik-diese-tipps-kann-jeder-umsetzen/#4
6 https://www.nabu.de/umwelt-und-ressourcen/oekologisch-leben/alltagsprodukte/19838.html

Wie du dein Geld schlauer nutzt

1 https://krautreporter.de/2027-wie-wir-unternehmen-dazu-bekommen-ethischer-zu-handeln
2 https://www.attac.de/kampagnen/bankwechsel/bank-wechseln/alternativbanken/
3 https://www.verbraucherzentrale.de/wissen/geld-versicherungen/nachhaltige-geldanlage/marktcheck-wie-sozial-und-oekologisch-sind-nachhaltige-banken-wirklich-13578
4 https://www.plasticbank.com/de/
5 https://www.spiegel.de/wirtschaft/klimawandel-das-koennen-sie-persoenlich-dagegen-tun-a-1240539.html

Schaffe Lebensraum

1 https://www.bundesregierung.de/breg-de/aktuelles/mehr-wildnis-im-wald-419404
2 https://plant-my-tree.de/baumspende-shop/
3 https://www.primaklima.org/baeume-verschenken/
4 https://info.ecosia.org/what

5 https://www.sonneundstrand.de/umweltbewusstsein/E-Book-Umwelttipps.pdf (S. 61)

Respekt für die Natur

1 https://de.statista.com/statistik/daten/studie/179260/umfrage/die-zehn-groessten-co2-emittenten-weltweit/
2 https://theconversation.com/climate-change-yes-your-individual-action-does-make-a-difference-115169

Werde aktiv und kreativ

1 https://www.spiegel.de/wissenschaft/mensch/fridays-for-future-die-kinder-sind-laengst-noch-nicht-wuetend-genug-a-1260262.html
2 https://www.theguardian.com/commentisfree/2018/nov/26/im-striking-from-school-for-climate-change-too-save-the-world-australians-students-should-too?CMP=soc_567
3 www.scientists4future.org
4 https://www.zdf.de/nachrichten/heute-19-uhr/viel-zuspruch-fuer-den-klimastreik-100.html
5 https://krautreporter.de/2929-die-polizei-kam-vorbei-howey-16-demonstriert-nicht-mehr-fur-das-klima-in-china
6 https://www.klimareporter.de/deutschland/kabinett-gruendet-klimakabinett
7 https://www.swr.de/swraktuell/baden-wuerttemberg/friedrichshafen/Als-erste-Stadt-in-Deutschland-Konstanz-ruft-den-Klimanotstand-aus,konstanz-hat-den-klimanotstand-ausgerufen-100.htm
8 https://www.spiegel.de/wissenschaft/mensch/klimanotstand-immer-mehr-staedte-machen-mit-a-1281288.html
9 https://www.spiegel.de/stil/burberry-luxuslabel-stoppt-zerstoerung-eigener-ware-a-1226785.html
10 https://www.faz.net/aktuell/politik/inland/klima-aktivisten-stellen-sich-im-bundestag-bei-redevon-schaeuble-tot-16221135.html
11 https://www.test.de/Spenden-Diesen-Organisationen-koennen-Sie-trauen-4633447-0/
12 extinctionrebellion.de
13 https://krautreporter.de/2885-we-are-fucked

14 https://www.theguardian.com/environment/2018/oct/26/we-have-a-duty-to-act-hundreds-ready-to-go-to-jailover-climate-crisis
15 https://www.freitag.de/autoren/der-freitag/es-ist-zeit-zeit-zeit
16 https://edition.cnn.com/2019/03/12/world/trashtag-internet-challenge-intl/index.html
17 http://www.taz.de/Volksbegehren-Rettet-die-Bienen/!5585647/
18 https://www.sueddeutsche.de/bayern/volksbegehren-artenvielfalt-folgen-volksentscheid-1.4329945
19 https://ze.tt/warum-wir-im-alltag-so-wenig-gegen-den-klimawandel-tun/

Ausstieg – Jetzt weißt du Bescheid

1 https://www.wwf.de/themen-projekte/biologische-vielfalt/welterschoepfungstag-die-welt-ist-nicht-genug/
2 https://www.spektrum.de/news/die-wichtigsten-jahre-der-geschichte/1597138
3 https://www.zeit.de/kultur/2018-10/klimawandel-schuld-anerkennung-klimakrieg-weltklimakonferenz/komplettansicht
4 https://www.ingenieur.de/technik/fachbereiche/luftfahrt/airbus-plant-das-vollelektrische-fliegen/
5 https://www.bento.de/nachhaltigkeit/umweltbewusstsein-als-trend-frueher-laesterten-wir-ueber-oekos-jetzt-wollen-wir-selbst-welche-sein-a-f7ea5dd9-37da-401a-8e3b-b297ec79f3b5
6 https://reset.org/blog/zum-letzten-bissen-%E2%80%93-essbare-verpackungen-aus-algen-01242018
7 https://reset.org/blog/lastenfahrraeder-die-zukunft-des-emissionsfreien-transports-05232019
8 https://www.spiegel.de/auto/aktuell/elektro-roller-der-e-scooter-ist-das-iphone-der-mobilitaeta-1233559.html
9 https://www.dw.com/de/diese-erfindungen-schützen-die-umwelt/g-41794244
10 https://utopia.de/autark-earthship-deutschland-41862/?fbclid=IwARogUAwU4e8GMAB_UkPe92A9xTbIcp7LnofxedAOtwOkuxHI_KAq-NnvkcQ
11 https://edison.handelsblatt.com/ertraeumen/urban-farming-ein-hochhaus-macht-satt/24362962.html
12 www.climeworks.com

13 https://www.zeit.de/die-antwort/2019-03/palmoel-nachhaltigkeit-konsum-alternativen-verbraucher

14 https://www.deutschlandfunk.de/filteranlage-in-paris-mit-algen-gegen-luftverschmutzung.697.de.html?dram:article_id=393278

15 https://www.adac.de/der-adac/verein/corporate-news/bilanz-verkehrstote/

16 http://nymag.com/intelligencer/2017/07/climate-change-earth-too-hot-for-humans-annotated.html?gtm=bottom&gtm=bottom